国家电网
STATE GRID

国网安徽省电力有限公司
STATE GRID ANHUI ELECTRIC POWER CO.,LTD.

供电企业安全准入工作手册

国网安徽省电力有限公司　组编

U0260676

中国电力出版社
CHINA ELECTRIC POWER PRESS

内 容 提 要

本书围绕国网安徽省电力有限公司安全准入工作，明确了队伍、人员准入工作及准入考试的流程及要求。全书共5章：第一章概述，介绍安全准入的提出、工作目标和范围；第二章介绍队伍准入的工作要求、工作流程、操作步骤和常见问题；第三章分别介绍了主业人员和非主业人员准入工作；第四章介绍了安全准入考试的要求、流程及操作步骤；第五章给出了12个专业36个子项共36套准入考试模拟试卷。

本书可供负责安全生产管理、安全生产监督、安全生产巡查等工作人员，承接供电企业工程的社会单位，以及各类施工人员等阅读、使用。

图书在版编目（CIP）数据

供电企业安全准入工作手册／国网安徽省电力有限公司组编 . —北京：中国电力出版社，2023.9
ISBN 978-7-5198-8101-6

Ⅰ.①供… Ⅱ.①国… Ⅲ.①供电－工业企业－安全管理－安徽 Ⅳ.① TM72

中国国家版本馆 CIP 数据核字（2023）第 163524 号

出版发行：中国电力出版社
地　　址：北京市东城区北京站西街 19 号（邮政编码 100005）
网　　址：http://www.cepp.sgcc.com.cn
责任编辑：穆智勇
责任校对：黄　蓓　郝军燕
装帧设计：赵姗姗
责任印制：石　雷

印　　刷：三河市万龙印装有限公司
版　　次：2023 年 9 月第一版
印　　次：2023 年 9 月北京第一次印刷
开　　本：787 毫米 ×1092 毫米　16 开本
印　　张：23.25
字　　数：415 千字
定　　价：98.00 元

安全第一

安全发展是公司固有的政治担当，把确保安全作为增强"四个意识"、坚定"四个自信"、做到"两个维护"、捍卫"两个确立"的重大政治任务。牢固树立总体国家安全观，把"安全第一"的理念落实到公司和电网发展中，统筹发展和安全，坚持"两个至上"，坚守红线意识和底线思维，当安全工作与其他工作发生矛盾时，要坚决服从于安全。

前　言

　　近年来，随着工程作业量的逐年增加，参与电力施工的企业、人员不断增多，流动性大，综合能力参差不齐，管控难度相对较大；使用的施工机械形式多样，机械的完好性不易把控，这些都对电力施工项目的安全准入工作提出了更高的要求。

　　为贯彻落实党中央、国务院、省委省政府和国家电网有限公司关于加强安全准入工作的各项部署，进一步强化源头管控，确保安全准入工作的标准化和规范化，国网安徽省电力有限公司根据现有的素材资料，梳理电网企业安全准入工作的要求及流程，依据《关于实施遏制重特大事故工作指南　全面加强安全生产源头管控和安全准入工作的指导意见》（安委办〔2017〕7号）和《国家电网有限公司安全准入工作规范（试行）》等文件，结合电网企业实际，编写了这本《供电企业安全准入工作手册》。本书围绕国网安徽省电力有限公司安全准入工作，明确队伍、人员准入工作及准入考试的流程及要求，进一步统一准入要求、规范准入的材料清单和模版、明确准入证明材料有效性、规定准入系统操作步骤、细化全流程中常见问题并在准入操作中以注意事项的方式列明提示，是一本实用性很强的工具类书籍。

　　本书对提升安全准入工作效能、规范准入工作流程具有很好的指导作用。通过对本书的学习，可以促进安全准入施工企业及人员快速掌握准入工作流程及要求，提升安全准入工作效率，同时真正选拔一批安全资信好、安全技能高、安全意识强的作业队伍和人员进入公司系统作业，确保"四个管住"要求切实有效落地。

　　本书的编写得到了国网阜阳供电公司、国网宿州供电公司、国网安庆供电公司、国网芜湖供电公司、国网滁州供电公司等地市公司的大力支持，由于安全准入工作细节较多，加之时间所限，书中不足之处在所难免，敬请读者和同行给予批评指正。

编　者

2023年9月

人人尽责

安全生产没有旁观者、局外人，每条战线、每个专业、每个单位、每个岗位、每名干部员工都对安全生产肩负重要责任。各级主要负责人要强化安全生产第一责任，做到亲力亲为、率先垂范。各级管理人员要落实"三管三必须"要求，把好业务安全关，拧紧安全责任链条。全体员工要对照安全责任清单尽心尽责。

目录 / CONTENTS

第一章 概述

真抓实干

安全生产是干出来的，不是说出来、写出来的。必须实事求是、依法依规，讲实话、出实招、办实事、求实效，以最严格标准、最严肃态度、最严谨作风推进各项安全生产法律法规和工作要求落地，做到"说了就干、定了就办"，坚决杜绝形式主义、官僚主义，杜绝表层、表面、表演，彻底根治安全生产工作口头化、表面化和执行力层层衰减等问题。

第一节　安全准入的提出

国家电网有限公司为加强作业现场安全风险源头管控，加强作业单位和人员安全管理，防范各类安全事件（事故），制定了《国家电网有限公司安全准入工作规范（试行）》，提出"四个管住"，即管住计划、管住队伍、管住人员、管住现场，强调队伍是作业组织实施的载体，管住队伍是保障现场作业安全的基础。人是现场作业和管控措施执行的主体，管住人员是作业风险管控措施落实的关键，要综合运用管理和技术手段，在关键环节协同发力、严格管控，切实规范施工作业组织管理，实现作业风险全过程可控、能控、在控。

第二节　安全准入工作目标

在安全风险管控监督平台（以下简称风险监督平台）开展覆盖生产、建设、营销、信通、产业、综合能源等专业的全口径安全准入工作，建立全省统一队伍、人员信息库，实现一处录入、全省通用、数据共享。统一准入标准，严把资质审核关，通过安全准入工作，真正筛选一批资质良好、业务精湛、安全意识较强的作业队伍和人员进入国网安徽省电力有限公司（简称公司）系统作业，筑牢公司安全发展基础。

第三节　安全准入范围

安全准入范围全面涵盖生产、建设、营销、信通、产业、综合能源等领域作业队伍和人员。

一、单位准入范围

（1）公司系统内部单位（省送变电公司、省管产业单位）；

（2）计划进入公司生产经营区域作业的社会施工单位；

（3）计划进入公司生产经营区域的监理单位；

（4）大型机械设备租赁厂家（吊车、挖掘机、高空作业车等设备，下同）、技术服务类厂家。

二、人员准入范围

（1）主业、公司系统内部单位作业人员（包括各类用工）；

（2）计划进入公司生产区域作业的社会施工单位项目部管理人员、作业人员；

（3）计划进入公司生产经营区域的监理人员；

（4）计划进入公司生产经营区域的大型机械设备操作人员、厂家技术服务人员。

三、准入时间

公司年度集中准入时间为3月31日前，有效时间为1年，后续可按施工需要进行动态准入。

第二章
队伍准入

久久为功

安全生产是一项系统工程，具有长期性、复杂性和艰巨性，非一日之功、非朝夕之事。要以"时时放心不下"的责任感、"睡不着觉、半夜惊醒"的紧迫感，每日从零开始，时刻紧绷安全生产这根弦，坚持常抓抓长，确保公司安全生产长治久安。

第一节　工作要求

　　队伍是作业组织实施的载体，技术技能水平高、安全履责能力强的队伍是保障现场作业安全有序组织实施的基础。要充分运用法治化和市场化手段，通过建立公平、公正、公开的安全准入和退出机制，对施工队伍实行作业全过程安全资信评价，全面实施负面清单 、黑名单管控，对安全记录不良的队伍采取停工、停标等处理措施，把真正懂管理、有技术、有能力的队伍留在作业现场，为管住现场提供基础保障。

第二节　材料清单

　　队伍准入材料清单见表2-1。

一、法人代表身份证、联系方式

1. 示例（见图2-1）

图2-1　法定代表人身份证示例

表2-1 队伍准入材料清单

需要提交的材料

序号	承担业务类型	法人代表身份证及联系方式	代理人身份证及联系方式	准入申请书或委托准入申请书	营业执照	承装(修、试)电力设施许可证	建筑企业资质证	安全生产许可证	施工劳务资质证	工程监理资质证	近三年业绩证明	其他资质证明
1	电网建设、改造施工	√	当准入企业的法人代表有代理人时,应同步提供代理人身份证	当准入企业的法人代表有代理人时,委托准入申请书;无代理人则提供准入申请书	√	√		√			√	
2	土建、跨越架施工	√			√	√	√	√			√	与准入企业业务类型相关的其他证明材料,若无可不填
3	电网设备运维	√			√	√		√			√	
4	劳务分包	√			√				√		√	
5	技术服务	√			√						√	
6	大型机械租赁	√			√						√	
7	施工监理	√			√					√	√	

注:
1. 承担不同业务类型的施工企业,必须按要求提供详细清单及政府网站查询截图,企业对提供材料的真实性负法律责任;
2. 各类证件应为清晰可辨的原件及清晰同类同类型业务,只需填写"队伍资信材料清单"中"√"的材料,未打"√"的其他材料不作要求;
3. 企业在多家单位承揽同类型业务,只需填写"队伍资信材料清单"中《准入申请书》或《委托准入申请书》,即可在风险监督平台合格原有资信提交至新增准入单位审核,其他资料无需重复录入。如需承揽其他业务,则需要根据业务类型应具备资质、增传相应资质证书。

2. 注意事项

法人代表的身份证件信息必须真实、有效，提供的复印件要求清晰可辨。

二、代理人身份证、联系方式

当准入企业的法人代表有代理人时，应同步提供代理人身份证。

1. 示例（见图 2-2）

图 2-2　代理人身份证示例

2. 注意事项

代理人的身份证件信息必须真实、有效，提供的复印件要求清晰可辨。

三、准入申请书或委托准入申请书

1. 示例（见图 2-3、图 2-4）

2. 注意事项

（1）准入申请书或委托准入申请书的身份证件信息必须真实、有效，提供的复印件要求清晰可辨。

（2）准入申请书或委托准入申请书提供其中一种即可，当准入企业的法人代表有代理人时，则提供委托准入申请书，无代理人则提供准入申请书。

准入申请书

　　□□县供电公司：

　　本人黄█权，身份证号 342622█████84918，为安徽███电力建设有限公司（统一社会信用代码为 9134100████51958R）法定代表人，申请在██县供电公司进行安全准入工作。

法定代表人身份证复印件：

法定代表人（签章）：

单位名称盖章：安徽████电力建设有限公司

　　　　　　　　时间：　2022 年 12 月 31 日

图 2-3　准入申请书示例

委托准入申请书

▆▆供电公司：

　　本人黄▆权，身份证号 3426221▆▆▆▆284918，为安徽▆▆电力建设有限公司（统一社会信用代码为 9134100▆▆▆651958R）法定代表人，现委托我公司员工凌▆，身份证号 3410211▆▆▆3264015，代理本公司在▆▆供电公司开展安全准入工作。代理人在此过程中所签署的文件和处理与之有关的事务，我公司均予以承认。代理期限为 2022 年 12 月 01 日至 2023 年 11 月 30 日。

法定代表人身份证复印件：　　　　代理人身份证复印件：

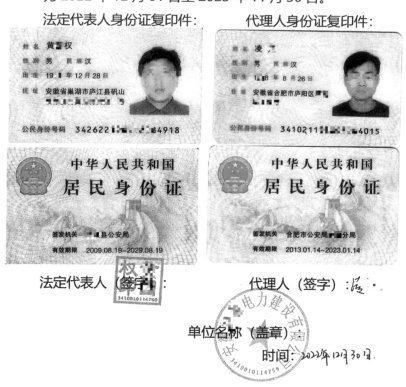

法定代表人（签字）：　　　　　　代理人（签字）：凌·

　　　　　　　　　　　　　　　　单位名称（盖章）

　　　　　　　　　　　　　　　　时间：2022年12月30日

图 2-4　委托准入申请书示例

四、营业执照

1. 示例（见图2-5、图2-6）

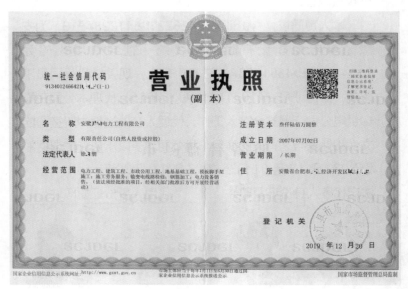

图 2-5　营业执照示例

图 2-6　营业执照网站查询截图示例

2. 注意事项

在浏览器中输入 https://www.gsxt.gov.cn/index.ht ml，登录国家企业信用信息公示系统官网，输入企业名称、统一社会信用代码或注册号进行查询并截图。

五、承装（修、试）电力设施许可证

1. 示例（见图 2-7、图 2-8）

图 2-7 承装（修、试）电力设施许可证示例

图 2-8 承装（修、试）电力设施许可证网站查询截图示例

2. 注意事项

在浏览器中输入http://zzxy.nea.gov.cn/#/gateway/index，登录国家能源局资质和信用信息系统官网，点击"许可查询"，输入企业名称或统一社会信用代码进行查询并截图。

六、建筑企业资质证书

1. 示例（见图2-9、图2-10）

图 2-9　建筑企业资质证书示例

图 2-10　建筑企业资质证书官网查询截图示例

2. 注意事项

在浏览器中输入 https://www. mohurd.gov.cn/，进入全国住房和城乡建设部官网，在"全国建筑市场监管公共服务平台"中输入企业名称或统一社会信用代码进行查询并截图。

七、安全生产许可证

1. 示例（见图 2-11、图 2-12）

图 2-11　安全生产许可证示例

图 2-12　安全生产许可证官网查询截图示例

2. 注意事项

进入企业注册所在省份的住房和城乡建设厅官网（以安徽省为例，安徽省住房和城乡建设厅网址为：http://dohurd.ah.gov.cn/），在"信息查询"中输入企业名称或统一社会信用代码进行查询并截图。

八、施工劳务资质证书

1. 示例（见图 2-13、图 2-14）

图 2-13　施工劳务资质证书示例

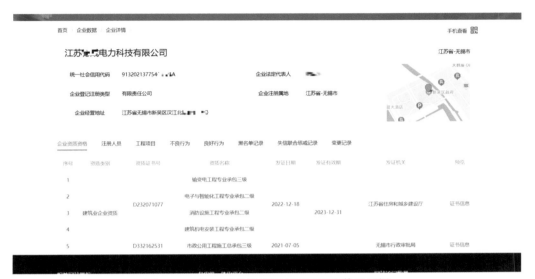

图 2-14　施工劳务资质证书官网查询截图示例

2. 注意事项

在浏览器中输入 https://www. mohurd.gov.cn/，进入全国住房和城乡建设部官网，在"全国建筑市场监管公共服务平台"中输入企业名称或统一社会信用代码进行查询并截图。

九、工程监理资质证书

1. 示例（见图 2-15、图 2-16）

图 2-15　工程监理资质证书示例

图 2-16　工程监理资质证书官网查询截图示例

2. 注意事项

进入企业注册所在省份的住房和城乡建设厅官网（以安徽省为例，安徽省住房和城乡建设厅网址为：http://dohurd.ah.gov.cn/），在"信息查询"中输入企业名称或统一社会信用代码进行查询并截图。

十、近三年业绩情况证明

1. 示例（见图 2-17）

安徽▨▨电力近三年竣工的工程一览表

序号	项目名称	项目规模	甲方名称	甲方联系人及电话	合同价格	开、竣工日期	工程质量
1	▨▨▨双I、II220kV线路工程	220kV	▨送变电建设有限责任公司	韦▨猛 -132▨▨▨939	129▨245	2020.0▨-2020.10	优良
2	皖▨·▨±800kV特高压直流输电线路工程	800kV	▨▨送变电建设有限责任公司	梁▨亮 -130▨▨▨599	346▨0369	2019.12-2020.10	优良
3	▨▨电站送电广东广西特高压示范工程	800kV	▨送变电建设有限责任公司	梁▨生 -130▨▨3599	11▨1028	2019.01-2020.01	优良
4	▨▨铁路▨▨牵引站220kV外部供电工程	220kV	▨▨▨工程有限公司	代▨雷 0551-637▨0097	115▨L43	2021.1.31-2021.4.30	优良
5	▨▨电厂一▨▨500kV线路工程	500kV	国网▨供电工程承装有限公司	王▨ 0531-37▨▨30	15▨▨85	2018.4.9-2018.7.31	优良
6	▨▨一▨▨500kV双回路线路工程	500kV	中国▨▨电力集团有限公司	徐▨ 181▨▨▨8387	945▨40	2019.1	优良
7	500千伏▨▨一▨▨线路工程	500kV	▨▨送变电建设有限责任公司	唐▨生 158▨▨0089	375▨272	2021.6.30-2022.6.30	优良
8	安徽▨▨▨▨▨▨▨一▨▨35kV线路基础改造工程	35kV	安徽▨▨电网建设有限公司	程▨ 0551-637▨▨17	80▨55	2020.12.31-2021.5.31	优良
9	安徽▨▨▨▨▨▨▨一▨▨35kV线路杆塔架线改造工程	35kV	安徽▨▨电网建设有限公司	程▨ 0551-637▨▨17	18▨622	2020.12.31-2021.5.31	优良

图 2-17　近三年业绩情况证明示例

2. 注意事项

近三年业绩情况证明应包含项目名称、甲方单位名称、相关项目负责人及联系方式、项目合同金额、项目实施时间、项目完成质量等要素，且加盖准入企业单位公章。

第三节　工作流程

一、市公司／县公司／省管产业单位工作流程（见图2-18）

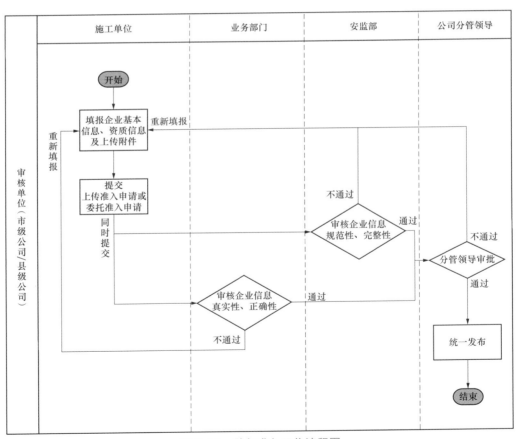

图2-18　队伍准入工作流程图

省管产业/送变电/社会施工队伍统一在风险监督平台（互联网大区）进行准入审核，通过安监部和专业部门双审核及分管领导审核后，进入准入企业库。同一队伍一个年度内分管领导审核通过一次，资质发生变更再次提交审核时无需分管领导审核。

第四节　操作步骤

一、登录系统

在浏览器中输入 http://10.138.238.17:20020/supervision/index.ht ml，进入风险监督平台（互联网大区）系统，如图2-19所示。

图2-19　风险监督平台（互联网大区）系统登录界面

二、填报企业基本信息

菜单导航：企业信息库→企业基本库，点击企业基本库进入界面，如图2-20所示。

图 2-20　企业基本库界面

　　点击【新增】按钮，进入施工企业新增准入信息填写页面，包括施工企业基础信息和资信上传两部分，如图 2-21 所示。

图 2-21　企业基本库新增界面

　　准入企业可以提前准备好基础信息部分的文字材料，并按要求真实、准确填写，如图 2-22 所示。

21

图 2-22　施工企业基本信息填写页面

基本信息中的必填字段共9个，填写要求如下：

（1）统一社会信用代码：共18位数字，应与营业执照保持一致。

（2）企业性质：根据准入企业的实际性质，选择省管产业、省送变电、社会施工中的一类。

（3）施工企业名称：准入企业的真实名称，应与营业执照上的企业名称保持一致。

（4）公司地址：准入企业的实际地址，应与营业执照上的企业地址保持一致。

（5）法人代表：准入企业的法人代表，应与营业执照上的法定代表人保持一致。

（6）法人身份证号：共18位数字，应与法人代表身份证信息保持一致。

（7）法人联系方式：真实、有效的手机/电话号码。

（8）企业成立时间：XXXX年XX月XX日，应与营业执照上的成立日期保持一致。

（9）是否法人授权：根据实际情况选择"是"或"否"，如果选择"是"，则提供相应的委托准入申请书，选择"否"，则提供准入申请书。

按要求完成填写后，点击【保存】按钮，出现"保存成功"的提示信息即为成功，如图2-23所示。

注意：基本信息填写完后，必须先保存才能进入下一步资信上传，否则无法上传资信。

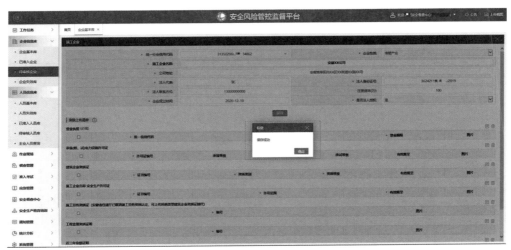

图 2-23 基本信息保存成功提示对话框

三、新增企业资质信息并上传附件

1. 新增营业执照信息并上传附件

（1）需要填报的企业：所有类型的准入企业。

（2）操作步骤：点击营业执照右侧的 按钮，进入营业执照新增界面，如图2-24所示。填写经营范围、营业期限，在营业执照图片菜单栏点击【选择图片】按钮，找到保存在电脑上的图片上传，如图2-25所示。

图 2-24 营业执照新增界面

图 2-25　营业执照新增完成界面

营业执照最多上传一条，如图2-26所示。如果需要重新填报，应先勾选已上传的营业执照信息，点击 🗑 按钮，删除后再重新填报，如图2-27所示。

图 2-26　营业执照最多上传一条提示对话框

（3）注意事项：营业执照编号、经营范围及营业期限应与企业营业执照信息保持一致，准入人员应提前准备好相关文字材料，便于提高录入效率。营业执照图片可以选择多张同时上传，操作方法是先选中一张图片，按住"Ctrl"键，再点击其他图片。

图 2-27 删除营业执照按钮界面

2. 新增承装（修、试）电力设施许可证信息并上传附件

（1）需要填报的企业：电网建设、改造施工类和电网设备运维类企业。

（2）操作步骤：点击承装（修、试）电力设施许可证右侧的 按钮，进入承装（修、试）新增界面，如图2-28所示。填写编号，选择承装、承修、承试的级别以及证书有效期，如图2-29所示。在承装（修、试）图片栏点击【选择图片】按钮，找到保存在电脑中的图片上传，如图2-30所示。上传完成后，点击【保存】按钮，如图2-31所示。

图 2-28 承装（修、试）新增界面

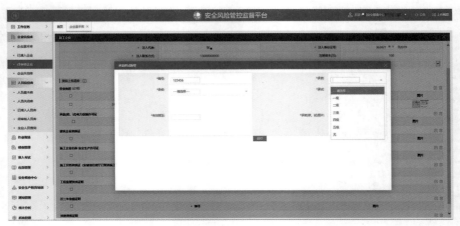

图 2-29　选择承装、承修、承试级别界面

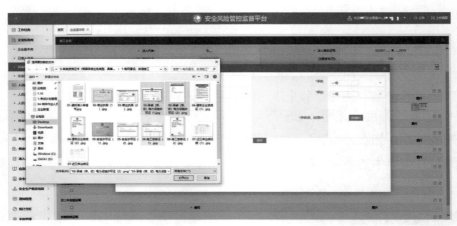

图 2-30　上传承装（修、试）电力设施许可证界面

图 2-31　保存承装（修、试）新增信息界面

（3）注意事项：承装（修、试）电力设施许可证编号和承装、承修、承试的级别及证书有效期应与证书信息保持一致，准入人员应提前准备好相关文字材料，便于提高录入效率。承装（修、试）电力设施许可证图片可以选择多张同时上传，操作方法是先选中一张图片，按住"Ctrl"键，再点击其他图片。

3. 新增建筑企业资质证信息并上传附件

（1）需要填报的企业：电网建设、改造施工类和土建、跨越架施工类企业。

（2）操作步骤：点击建筑企业资质证栏右侧的 按钮，进入建筑企业资质新增界面，如图2-32所示。填写编号，选择资质类别、资质等级及证书有效期，如图2-33所示。在建筑企业资质图片栏点击【选择图片】按钮，找到保存在电脑中的图片进行上传，如图2-34所示。上传完成后，点击【保存】按钮，如图2-35所示。

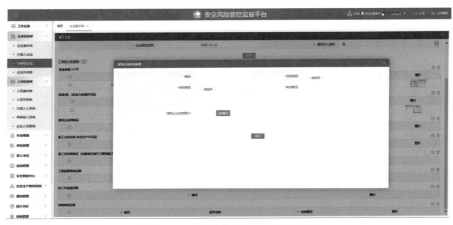

图 2-32　建筑企业资质新增界面

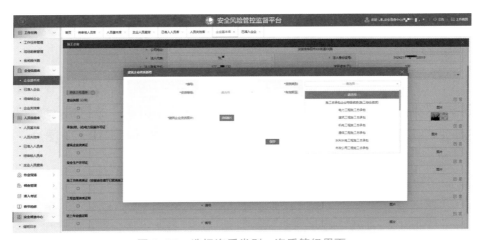

图 2-33　选择资质类别、资质等级界面

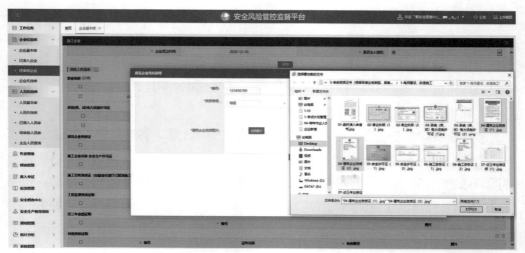

图 2-34　上传建筑企业资质证界面

图 2-35　保存建筑企业资质信息界面

（3）注意事项：建筑企业资质证编号、资质类别、资质等级及证书有效期应
与证书信息保持一致，准入人员应提前准备好相关文字材料，便于提高录入效率。
建筑企业资质证图片可以选择多张同时上传，操作方法是先选中一张图片，按住
"Ctrl"键，再点击其他图片。

4. 新增安全生产许可证信息并上传附件

（1）需要填报的企业：电网建设、改造施工类和土建、跨越架施工类、电网设
备运维类企业。

（2）操作步骤：点击安全生产许可证栏右侧的 ▤ 按钮，进入安全许可资质新增界面，如图2-36所示。填写编号、许可范围及证书有效期，在安全许可图片栏点击【选择图片】按钮，找到保存在电脑中的图片进行上传，如图2-37所示。上传完成后，点击【保存】按钮，如图2-38所示。

图 2-36　安全许可资质新增界面

图 2-37　上传安全许可证界面

（3）注意事项：安全生产许可证编号、许可范围及证书有效期应与证书信息保持一致，准入人员应提前准备好相关文字材料，便于提高录入效率。安全生产许可证图片可以选择多张同时上传，操作方法是先选中一张图片，按住"Ctrl"键，再点击其他图片。

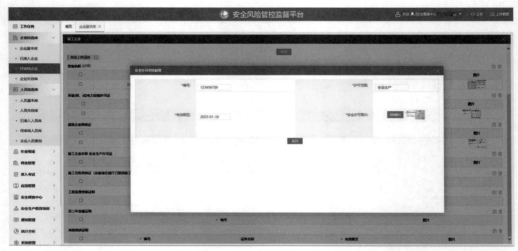

图 2-38　保存安全许可资质信息界面

5. 新增施工劳务资质证信息并上传附件

（1）需要填报的企业：劳务分包类企业。

（2）操作步骤：点击施工劳务资质证栏右侧的 ▤ 按钮，进入施工劳务资质新增界面，如图2-39所示。填写编号，在施工劳务图片栏点击【选择图片】按钮，找到保存在电脑中的图片进行上传，如图2-40所示。上传完成后，点击【保存】按钮，如图2-41所示。

图 2-39　施工劳务资质新增界面

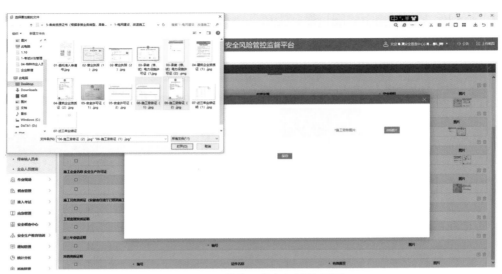

图 2-40　上传施工劳务证图片界面

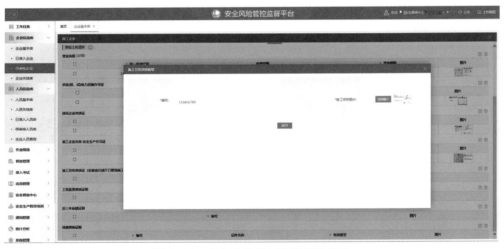

图 2-41　保存施工劳务资质信息界面

（3）注意事项：施工劳务资质证编号应与证书信息保持一致，准入人员应提前准备好相关文字材料，便于提高录入效率。施工劳务资质证图片可以选择多张同时上传，操作方法是先选中一张图片，按住"Ctrl"键，再点击其他图片。

6. 新增工程监理资质证信息并上传附件

（1）需要填报的企业：施工监理类企业。

（2）操作步骤：点击工程监理资质证明栏右侧的 按钮，进入工程监理资质新增界面，如图2-42所示。填写编号，在工程监理资质图片栏点击【选择图片】按钮，找到保存在电脑中的图片进行上传。上传完成后，点击【保存】按钮，如图2-43所示。

图 2-42　工程监理资质新增界面

图 2-43　保存工程监理资质信息界面

（3）注意事项：工程监理资质证编号应与证书信息保持一致，准入人员应提前准备好相关文字材料，便于提高录入效率。工程监理资质证图片可以选择多张同时上传，操作方法是先选中一张图片，按住"Ctrl"键，再点击其他图片。

7. 新增近三年业绩证明信息并上传附件

（1）需要填报的企业：所有类型企业。

（2）操作步骤：点击近三年业绩证明栏右侧的  按钮，进入近三年业绩证明新增界面，如图2-44所示。填写编号，在近三年业绩图片栏点击【选择图片】按钮，找到保存在电脑中的图片进行上传。上传完成后，点击【保存】按钮，如图2-45所示。

图 2-44　近三年业绩证明新增界面

图 2-45　保存近三年业绩证明信息界面

（3）注意事项：近三年业绩证明图片可以选择多张同时上传，操作方法是先选中一张图片，按住"Ctrl"键，再点击其他图片。

8. 新增其他资质证明信息并上传附件

（1）新增与准入企业业务类型相关的其他证明材料，若无可不填。

（2）操作步骤：点击其他资质证明栏右侧的 ▤ 按钮，进入其他资质新增界面，如图2-46所示。填写编号、证件名称、证件有效期，在资质图片栏点击【选择图片】按钮，找到保存在电脑中的图片进行上传，如图2-47所示。上传完成后，点击【保存】按钮，如图2-48所示。

图 2-46　其他资质新增界面

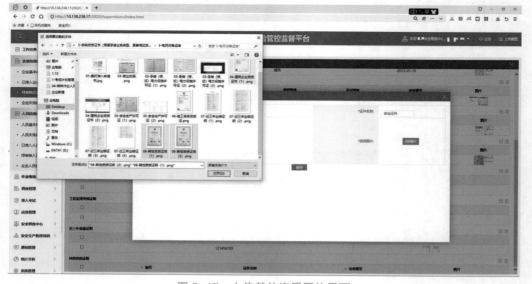

图 2-47　上传其他资质图片界面

图 2-48　保存其他资质信息界面

　　按要求上传完资信材料，检查确认无误后，点击【保存】按钮，将所有信息进行保存，如图 2-49 所示。

图 2-49　保存企业信息新增界面

　　（3）注意事项：若无其他资质证明材料可不填报，若填报，则证书编号、证件名称及有效期应与证书信息保持一致，准入人员应提前准备好相关文字材料，便于提高录入效率。其他资质图片可以选择多张同时上传，操作方法是先选中一张图片，按住"Ctrl"键，再点击其他图片。

9. 提交企业资质信息

（1）操作步骤：在企业基本库的搜索框中输入企业名称或统一社会信用代码查询施工企业，如图2-50所示。

图 2-50　查询施工企业界面

在操作栏中勾选施工企业，点击【提交】按钮，如图2-51所示。

图 2-51　提交资质信息操作界面

进入提交审核界面，如图2-52所示。首先选择审核单位（业务主管部门＋安监部），如图2-53所示；接着填写公司联系人姓名、联系方式，并选择承担业务类型（仅可选择其中一项），如图2-54所示；根据要求上传委托准入申请书或准入申请书，如图2-55所示；最后填写公司联系人身份证号码。所有信息填写完成并确认无误后点击【确认】按钮，确认提交审核，如图2-56所示。

图 2-52 提交审核界面

图 2-53 选择审核单位界面

图 2-54 选择承担业务类型界面

图 2-55　上传委托准入申请书界面

图 2-56　确认提交审核界面

（3）注意事项：

1）审核单位应选择安监部和业务主管部门，业务主管部门负责审核队伍资信真实性、正确性，安监部负责审核队伍资信规范性、完整性。

2）公司联系人可以是公司法人代表或者法人代表的委托人。

3）承担业务类型只能选择其中的一项，若企业在多家单位承揽同类型业务，只需填写"队伍资信材料清单"中"准入申请书"或"委托准入申请书"，即可在风险监督平台将原有资信提交至新增准入单位审核，其他资料无需重复录入。如需承揽其他业务，则需要根据业务类型应具备资质表，增传相应资质证书。

4）准入企业的法人代表若有代理人，则按照委托准入申请书的代理人模板准备；若无代理人，则按照准入申请书的无代理人模板准备。申请书应遵从模板格式，不可自拟。

5）填写的公司联系人、联系方式、联系人身份证号必须真实、有效。

10. 审核企业资质信息

（1）操作步骤：菜单导航为企业信息库→待审核企业，点击待审核企业进入界面，可查询施工企业名称、统一社会信用代码、企业性质、当前审核的状态、提交人、公司联系人及联系方式，如图2-57所示。

图 2-57　待审核企业整体界面

在搜索框中输入企业名称或统一社会信用代码查询施工企业，勾选对应的施工企业，点击【审核】按钮进入审核页面，如图2-58所示。专业部门审核队伍资信的真实性、正确性，真实性包括信息填写是否属实、证书是否造假等，正确性包括上传证书是否与所要求的一一对应，如图2-59所示。安监部门审核队伍资信的规范性、完整性，规范性包括是否按照证书模板所要求的来提供、证书里的要素是否齐全等，完整性包括是否有漏传、少传，如图2-60所示。

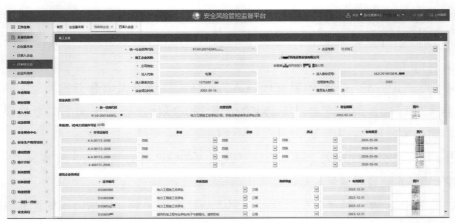

图 2-58 企业信息审核界面

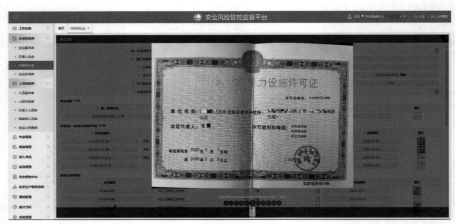

图 2-59 专业部门审核界面

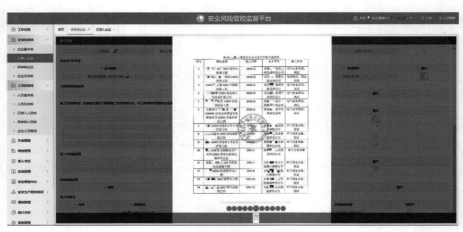

图 2-60 安监部审核界面

专业部门和安监部门根据审核情况决定准入企业是否通过，点击【审核通过】或【审核不通过】按钮，如图2-61所示。若通过则进入下一个审核阶段，否则需要重新进行填报上传。

图2-61 审核通过/不通过界面

专业部门和安监部门全部审核通过后，企业资信自动进入公司领导审核环节。公司领导审核通过后，该企业进入本单位准入库。

（2）注意事项：专业部门审核队伍资信的真实性、正确性，安监部门审核队伍资信的规范性、完整性。

11. 其他操作及适用场景

（1）修改企业资质信息。

1）适用场景：企业填报完基本信息并上传资质，但未提交审核。

2）操作步骤：在企业基本库中查询并勾选企业，点击【修改】按钮进入企业信息修改页面，如图2-62所示。

3）注意事项：已经提交审核的企业信息不能修改。

（2）导出企业资质信息。

1）适用场景：进行数据统计分析，获取全部准入企业信息。

2）操作步骤：在"已准入企业"中点击【导出】按钮，如图2-63所示，系统会自动下载当前已准入企业的信息，生成文档进行保存，如图2-64所示。

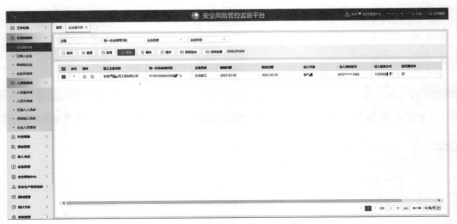

图 2-62　修改企业信息操作界面

图 2-63　已准入企业界面

图 2-64　导出已准入企业界面

（3）追加企业资质。

1）适用场景：企业准入后，需要继续增加资料。

2）操作步骤：在企业基本库中查询并勾选企业，点击【资质追加】按钮进入资质追加页面，如图2-65所示。

3）注意事项：资质追加不影响原企业准入关系，可以在原准入资质基础上继续上传资料，但无法删除过期资质信息，如图2-66所示。

图 2-65　企业资质追加界面

图 2-66　企业资质追加确认界面

（4）变更企业资质。

1）适用场景：准入企业需要更新或删除过期资质信息。

2）操作步骤：在企业基本库中查询并勾选企业，点击【资质变更】按钮进入资质变更页面，如图2-67所示。

3）注意事项：确认变更后企业原准入关系将全部取消，同时将变更授权码发送至法人手机，输入授权码才能进行资质变更。企业资质变更时有5天临时有效期，有效期内不影响企业及人员正常开展工作。5天后若未完成资质变更，则该企业和企业人员的准入关系失效。临时有效期内不允许再次进行资质变更。

图 2-67　企业资质变更确认界面

第五节　常见问题

队伍准入常见问题及解决措施见表2-2。

表 2-2　队伍准入常见问题及解决措施

序号	问题描述	解决措施
1	企业已经上传了资信清单中的材料，但无法通过审核	上传正确规范、真实有效、清晰可辨的证书材料及查询截图，不漏传、少传
2	企业准入关系突然失效	核实企业资质证书（如营业执照）是否已经过期，如过期应及时进行资质变更

序号	问题描述	解决措施
3	基建工程领域的施工企业在提交资质审核时，除了选择专业部门审核外，是否还需要选择安监部门审核	基建专业安全准入遵循"一处审核，全省通用"原则，由省建设分公司、送变电公司或地市公司建设部审核通过后，在全省基建工程领域通用
4	在其他单位承揽同类型业务，是否需要重新录入准入信息	企业在多家单位承揽同类型业务，只需填写"队伍资信材料清单"中"准入申请书"或"委托准入申请书"，即可在风险监督平台将原有资信提交至新增准入单位审核，其他资料无需重复录入。如需承揽其他业务，则需要根据业务类型应具备资质表，增传相应资质证书
5	在提交资质审核时，准入申请书或委托准入申请书是否都需要上传	准入申请书或委托准入申请书提供其中一种即可，当准入企业的法人代表有代理人则提供"委托准入申请书"，无代理人则提供"准入申请书"
6	进行资质变更是否会影响企业及企业员工正常开展工作	企业进行资质变更时有5天临时有效期，有效期内不影响企业及人员正常开展工作。5天后若未完成资质变更，则该企业和企业人员的准入关系失效。临时有效期内不允许再次进行资质变更
7	资质证书过期后，无法通过资质追加上传新的证书替换旧的证书	资质追加无法删除或替换过期资质信息，证书变更及删除需要通过资质变更功能完成
8	资质信息提交审核后发现信息有误，但是无法进行修改	企业信息提交审核后，则无法进行信息修改。准入人员应在信息提交审核前通过修改功能进行修改
9	上传证书图片时，如何同时选择多张上传	选择多张图片同时上传，操作方法是先选中一张图片，按住"Ctrl"键再点击其他图片
10	企业重新进行准入，在当天通过审核后查询发现不在已准入企业库里	如果资质过期的企业当天重新办理准入并通过审核，需等待至次日方可生效

续表

序号	问题描述	解决措施
11	如何确认资质证书的真实性及有效性	通过相关的官方网站查询确认，具体方法见本章第二节材料清单中各类证书的"注意事项"
12	队伍准入材料清单中未"√"的材料是否可以不提交	可以不提交，承担不同业务类型的施工企业，必须按要求提供队伍准入材料清单中"√"的材料，未"√"的其他材料不作要求
13	资质信息中的其他资质材料是否必须提交	不作要求，若有可按规范填报，若无可不填
14	提交资质审核时，公司联系人是否一定是公司法人	不一定，公司联系人可以是公司法人或者法人的委托人，也可以是公司负责准入的相关人员
15	提交资质审核时，承担业务类型可以多选吗	不可以，每次提交资质审核，承担业务类型只能选择一项

第三章
人员准入

守正创新

安全生产要尊重客观规律，既要坚守安全管理的常规常识，又要创新解决新问题的方式方法。坚持系统思维，以安全生产法律法规为准绳，一以贯之、持续巩固传统有效的安全管理经验和做法。坚持问题导向，充分把握当前安全生产面临的新形势、新要求，科学正视新设备、新技术、新工艺带来的挑战，推动现场作业模式持续升级，持续优化完善安全管理体系。

第一节　主业人员准入

一、工作要求

主业人员（包括各种形式用工）在风险监督平台（内网端）开展安全准入工作，主要包括单位组织机构调整、人员所属机构调整、人员信息完善、人员资信审核入库工作。

二、材料清单

主业人员准入材料清单见表3-1。

表 3-1　主业人员准入材料清单

序号	人员类型	人员信息														
		身份证	证件照	三种人资质文件	劳动合同	保险信息	社保信息	体检情况	项目部成立文件	带电作业证	大型机械操作证	安全考核证	特种作业证	监理资格证	现场实操考核情况	线下考试成绩
1	项目经理（不得兼任其他岗位）	√	√	具有三种人身份的人员需要上传	√	√	√	√	成立项目部的人员需要上传			√				参加线下考试的人员需要上传
2	安全员（不得兼任其他岗位）	√	√		√	√	√	√				√				
3	项目部其他管理人员	√	√		√	√	√	√								
4	特种作业人员（技工）	√	√		√	√	√	√					√		√	
5	一般施工人员（辅工、临时工）	√	√		√	√		√								

序号	人员类型	人员信息														
		身份证	证件照	三种人资质文件	劳动合同	保险信息	社保信息	体检情况	项目部成立文件	带电作业证	大型机械操作证	安全考核证	特种作业证	监理资格证	现场实操考核情况	线下考试成绩
6	技术服务人员	✓	✓	具有三种人身份的人员需要上传	✓	✓			成立项目部的人员需要上传							参加线下考试的人员需要上传
7	大型机械操作员	✓	✓		✓						✓					
8	带电作业人员	✓	✓		✓	✓	✓	✓		✓						
9	监理人员	✓	✓		✓									✓		

注　不同人员类型必须按要求提供表格中打"√"的材料，未打"√"的其他材料不作要求。

具体材料示例见第三章第二节非主业人员准入要求及流程中的"二、材料清单"。

三、工作流程

主业人员准入工作流程见图3-1。

主业人员（包括各种形式用工）在风险监督平台（内网端）开展安全准入工作。

省管产业单位自有员工、主业员工支援集体企业，在风险监督平台（互联网大区端）开展安全准入工作，参考非主业人员准入工作流程，部分特殊人员（如省管产业单位自有人员承揽主业运维、抢修工作）在风险监督平台（内网端）开展安全准入工作。

四、操作流程

1. 单位组织机构调整（新增、变更、删除机构）

主业单位组织机构调整包括新增、变更、删除风险监督平台（内网端）组织机构，应登录智慧客服平台提交工单方式调整，经ISC系统与内网其他相关专业系统同步，保证内网各系统组织机构一致，如图3-2所示。

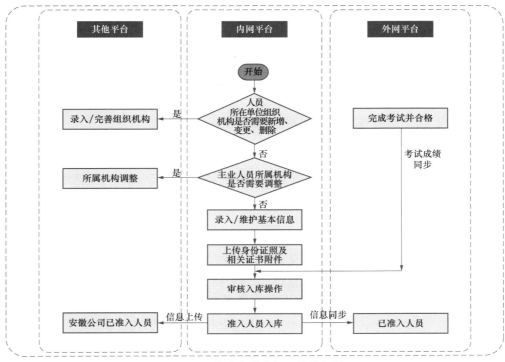

图 3-1 主业人员准入工作流程图

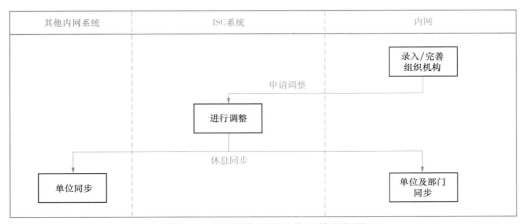

图 3-2 主业单位组织机构调整流程图

（1）登录智慧客服平台。内网登录智慧客服平台有以下三种方式。

1）从门户系统点击图标登录，路径：登录门户→全部系统→信通运维→智慧客服平台，点击图标进入，如图3-3所示。

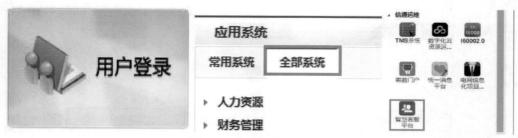

图 3-3　门户系统登录界面

2）打开单位主页，导航栏中找到"信通服务"，点击后输入门户账号及密码进行登录访问，如图3-4所示。

图 3-4　单位主业登录界面

3）直接输入网址登录：http://20.50.83.54。

（2）提交申请工单：登录成功后点击页面左上方 ，如图3-5所示。业务系统选择"安全风险管控监督平台"，将需要新增、变更、删除的组织机构路径全称描述清楚，按照模板填写组织机构调整申请表，如图3-6所示。填写完成并加盖申请部门及安监部门章后上传，点击 ，如图3-7所示。

图 3-5　新增工单界面

安全风险管控监督平台（内网端）
组织机构调整申请表
（样　例）

<table>
<tr><td rowspan="4">申请信息</td><td>申请单位</td><td>国网合肥供电公司</td><td>申请日期</td><td>2023-01-01</td></tr>
<tr><td>申请办理人</td><td>李四</td><td>联系电话</td><td>62451☎'13900000000</td></tr>
<tr><td>办理类型</td><td colspan="3">1.新增☑　2.变更☑　3.删除□</td></tr>
<tr><td>PMS是否已调整</td><td colspan="3">1.是□　2.否☑</td></tr>
<tr><td>申请内容</td><td colspan="4">1、新增（合肥公司/庐江公司/输变电运检中心）机构；
2、将（合肥公司/庐江公司/运维检修部/变电运维班）变更至（合肥公司/庐江公司/输变电运检中心/变电运维班）。</td></tr>
<tr><td>审批信息</td><td colspan="4">

申请部门签字盖章：　　　　　　　　所在单位安监部门盖章：

</td></tr>
</table>

图 3-6　组织机构调整申请表模板

图 3-7　工单填写界面

（3）完成组织机构调整：工单提交后，项目组在规定时间内完成系统中组织机构调整。

2. 主业人员所属机构调整

（1）已开通风险监督平台账号人员所属机构调整：已拥有风险监督平台账号的主业人员应通过登录智慧客服平台提交工单方式调整，经ISC平台与内网其他相关专业系统同步，保证内网相关系统人员所属组织机构一致。

1）登录智慧客服平台。内网登录智慧客服平台有三种方式，可参考"单位组织机构调整"流程登录。

2）提交申请工单：登录成功后点击页面左上方 数字化系统 操作指导，业务系统选择"安全风险管控监督平台"，将需要新增、变更、删除的人员最新组织机构路径全称描述清楚，按照模板填写申请表，如图3-8所示。填写完成加盖本单位安监部门章后上传，点击 提交。

<h3 style="text-align:center">安徽省电力公司信息系统用户权限变更申请表</h3>
（样　例）

申请信息	申请单位	国网合肥供电公司		申请日期	2023-01-01	
	申请办理人	李四		联系电话	6245▢▢/13900000000	
	账号办理类型	1、新增　　2、变更　　3、禁用　　4、临时变更				
	账号使用期限	（临时变更类型需填写）				
	账号办理原因	安全风险管控监督平台变更张三、李四用户所属组织机构				
信息系统角色权限信息	信息系统名称	姓名	门户目录账号/八位人资编码	现岗位信息	类型	角色名称清单
	安全风险管控监督平台	张三	Zhangs0011/10××××	合肥公司/庐江公司/运维检修部/××班	变更	不变
		李四	Lis8102/120012	合肥公司/庐江公司/运维检修部/××班	变更	不变
	申请部门审核负责人：		所在单位安监部门：（签字盖章）			
运维部门办结	办理人：		办理时间：			

注：1、如果没有门户目录账号，则填写身份证号，并提供账号开通申请单；

　　2、该申请单为电子单，可以进行批量申请，只需要在本单中自行增加角色权限信息行即可；

　　3、该申请单在走纸质流程前，建议申请人和所在单位或省公司业务系统主管专责就角色清单确认清楚。

图3-8　系统用户权限变更申请表模板

3）完成组织机构调整：工单提交后，项目组在规定时间内完成系统中人员所属组织机构调整。

（2）未开通风险监督平台账号人员所属机构调整：未开通平台账号人员由已开通相关权限账号，在平台中"基础信息维护→内部信息维护→人员信息维护"中，通过新增、删除功能调整人员所属组织机构，如图3-9和图3-10所示。

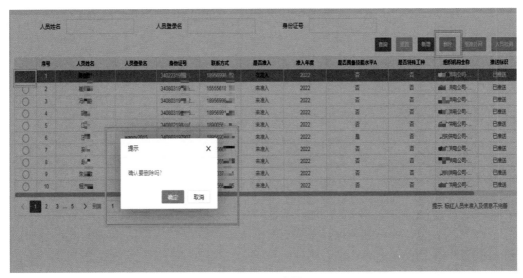

图 3-9　新增、删除功能界面

图 3-10　删除界面

3. 主业人员信息完善

主业人员信息录入流程如图3-11所示。

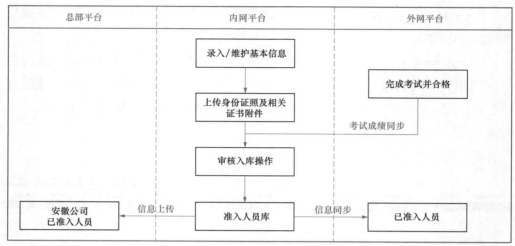

图 3-11　主业人员信息录入流程图

注意：①省管产业单位自有员工，主业支援集体企业员工，在风险监督平台（互联网大区端）准入，具体流程参考本章第二节非主业人员准入工作流程；②省管产业单位自有人员承揽主业运维、抢修工作（不承揽工程），在主业班组或中心工作，应在风险监督平台（内网端）准入。

（1）完善基本信息：菜单导航为内部信息维护→人员信息维护，选择所在的单位部门，如图 3-12 所示。

图 3-12　人员信息维护界面

点击【新增】按钮，人员信息维护包括人员基础信息填报和人员资信上传两部分，如图3-13所示。

带 ※ 为必填字段，填写要求如下：

1）人员姓名：应与身份证件姓名保持一致。

2）身份证号：应与身份证件号码保持一致。

3）联系方式：真实、有效的手机/电话号码。

4）安全评价等级：根据实际情况选择A/B/C/D其中一个等级。

5）专业：根据实际情况选择专业。

6）学历：根据实际情况选择学历。

7）入职日期：根据实际入职日期选择。

8）个人证件照：近期红底、蓝底或白底证件照片1张，要求清晰可辨。

图 3-13　人员信息新增界面

填写完成后点击右上角【保存】按钮，如图3-14所示。

（2）上传资质文件。

1）上传三种人资质。

a.需要上传的人员：具有三种人身份的人员。

图 3-14　人员基本信息保存界面

b.根据三种人资质情况勾选【无】【工作票签发人】【工作许可人】和【工作负责人】按钮，点击蓝色【选择文件】按钮，选择保存在电脑上的文件（附件格式仅支持ofd、pdf），点击【开始上传】按钮进行上传，如图3-15所示。点击【历史附件】按钮，可以查找人员所在单位的三种人资质文件，点击【选取】按钮直接选用，如图3-16所示。

图 3-15　三种人资质选择界面

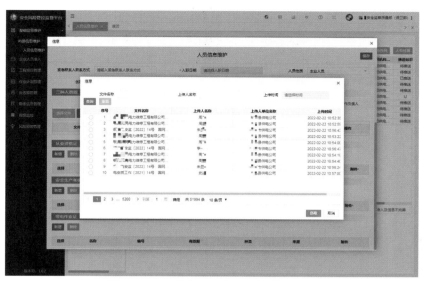

图 3-16 三种人资质历史附件选取界面

2）上传从业资格证。

a.需要上传的人员：特种作业人员。

b.点击【新增】按钮，进入从业资格证新增界面，如图3-17所示。填写从业资格证书编号、选择证书类型、操作项目大类、操作项目小类，以及工种、填写发证机关、有效期，如图3-18所示。点击【附件】上传保存在电脑中的图片（图片格式仅支持png、jpg、jpeg、svg），如图3-19所示。

图 3-17 从业资格证新增界面

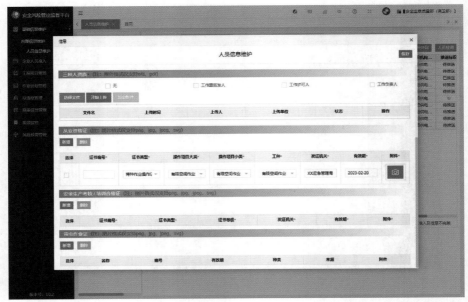

图 3-18 从业资格证信息填写界面

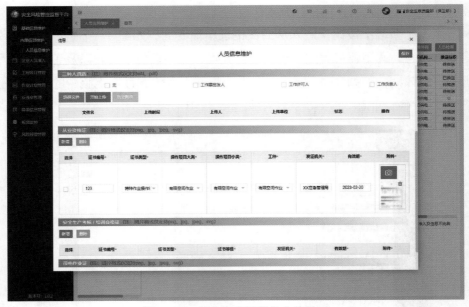

图 3-19 从业资格证附件上传界面

3）上传安全生产考核证/培训合格证。

a.点击【新增】按钮，填写证书编号，选择证书类型、证书等级、发证机关、有效期，如图3-20所示。

b.点击【附件】上传保存在电脑中的图片（图片格式仅支持png、jpg、jpeg、svg），如图3-21所示。

图3-20　安全生产考核证/培训合格证新增界面

图3-21　安全生产考核证/培训合格证附件上传界面

4）上传带电作业证。

a.需要上传的人员：带电作业人员。

b.点击【新增】按钮，填写名称、证书编号、有效期、种类、来源，如图3-22所示。点击【附件】上传保存在电脑中的图片（图片格式仅支持png、jpg、jpeg、svg），如图3-23所示。

图3-22　带电作业证新增界面

图3-23　带电作业证附件上传界面

5）保存信息。填写并上传完所有资信材料，检查确认无误，点击右上角【保存】按钮，如图3-24所示。

图 3-24 人员信息新增保存界面

6）重置刷新。

a.在人员信息维护界面选择准入人员的部门，点击【重置】按钮刷新重置，若人员姓名显示为绿色字体，表示已经完成人员信息维护，若显示为红色字体则代表未进行人员信息维护，如图3-25所示。

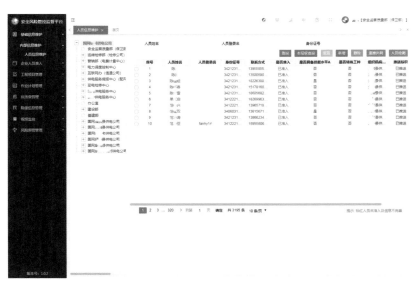

图 3-25 完成人员信息维护界面

b.通常人员信息提交半小时内，系统会自动推送至外网，若超过时间还显示"待推送"标识，则应该点击【重推外网】按钮，将信息重新推送至外网，如图3-26所示。

图 3-26 人员信息重推外网按钮界面

4. 人员资信审核

主业人员在完成人员信息维护后，应点击界面右上角【审核入库】按钮，如图3-27所示。入库时校验年度内是否已经考试且成绩合格、三种人是否选取（选取必须上传该年度的附件）、互联网大区平台是否存在重复人员，如图3-28所示。校验通过后人员信息进入已准入人员库（绿色状态），且同步至其他业务系统和国家电网有限公司总部。

图 3-27 人员信息审核界面

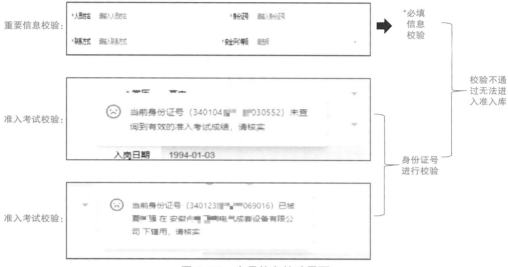

图 3–28 人员信息校验界面

五、常见问题

主业人员准入常见问题及解决措施见表3-2。

表 3-2 主业人员准入常见问题及解决措施

序号	问题描述	解决措施
1	人员已经通过准入审核，但是无法进入现场工作	通过风险监督平台查询作业人员是否已经参加准入考试并通过，作业人员所有资信审核和准入考试都通过后，方可准许其参与现场作业
2	员工在现场开展工作时，突然被系统集体判定为未准入并要求离场	现场被系统集体判定未准入，需要及时确认企业资质证书是否已经过期，联系企业负责准入人员完善、规范准入信息，待准入系统显示或恢复正常后方可进入现场作业

续表

序号	问题描述	解决措施
3	省管产业单位人员用工性质复杂，既有主业人员，又有自有人员和外聘人员，各类型人员在风险监督平台（内网端）还是风险监督平台（互联网大区端）端准入	（1）省管产业单位自有员工，在风险监督平台（互联网大区端）准入。 （2）主业员工支援集体企业，在风险监督平台（互联网大区端）准入。 （3）省管产业单位自有人员承揽主业运维、抢修工作（不承揽工程），在主业班组或中心工作，在风险监督平台（内网端）准入。 （4）公司通过人力资源公司外聘员工（长期稳定合作）在基层供电所或主业班组、中心工作，在风险监督平台（内网端）准入。如果参与承揽工程（农网工程、客户工程）工作，在风险监督平台（互联网大区端）准入（劳动合同需上传公司与人力资源公司签订的派遣合同）。 （5）技术学校实习生需要上传产业单位与学校、学生的三方协议、保险信息
4	录入人员信息时，显示该人员身份证信息已被录入	安全准入信息"一处录入、全省通用、数据共享"，可通过系统查询该准入人员是否在其他地市公司已经录入过，删除原有录入的记录后重新进行信息录入
5	省管产业人员录入时显示为主业人员，导致无法录入人员信息	需要确认省管产业人员的类型，根据不同的人员类型选择风险监督平台（内网端)或风险监督平台（互联网大区端）准入。如果是省管产业自有人员或主业员工支援集体企业，在风险监督平台（互联网大区端）准入；如果自有人员承揽主业运维、抢修工作（不承揽工程），或者公司通过人力资源公司外聘员工（长期稳定合作）在基层供电所或主业班组、中心工作，在风险监督平台（内网端）准入
6	系统显示主业人员单位与现场作业单位不一致	需要对主业人员所属机构进行调整，根据不同人员类型，操作步骤如下： （1）对已开通风险监督平台账号人员，应登录智慧客服平台，选择"安全风险管控监督平台"，将需要新增、变更、删除的人员最新组织机构路径全称描述清楚，按照模板填写申请表，加盖本单位安监部门章后上传提交，工单提交后，项目组在规定时间内完成系统中人员所属组织机构调整。

序号	问题描述	解决措施
6	系统显示主业人员单位与现场作业单位不一致	（2）对未开通风险监督平台账号人员，由已开通相关权限账号，在平台中"基础信息维护－内部信息维护－人员信息维护"中，通过新增、删除功能调整人员所属组织机构
7	人员资质证书过期后，无法通过资质追加替换原来旧的证书资质	资质追加可以在原准入资质基础上继续上传资料，无法删除或替换过期资质信息，需要通过资质变更功能，上传提交新的资质证书替换原来旧的资质证书
8	人员准入信息提交后，发现信息有误但无法进行修改	人员信息一旦提交审核，则无法修改。若需修改人员信息，需要在信息提交审核前操作
9	考试通过但没有显示考试成绩	在"安全风险管控监督平台"准入考试的考试成绩查询中，输入人员名称、身份证号及考场名称进行查询
10	人员已准入但人脸识别错误	需要确认人脸识别的周围环境光线充足，能完整、清晰地录入。确认上传的证件照是否符合清晰、免冠头像、露出眉毛和眼睛、无逆光、无过度美颜、纵向正脸、背景简单、面部光照强度适中、明暗均匀的要求
11	人员打卡时显示人脸未入库	在信息库中将人脸信息重新进行录入
12	人员准入类型与实际打卡不一致，如准入类型为技工，但打卡时显示辅工	确认是否按照材料清单上传相应的人员资质，如需承揽其他业务，则需要根据人员类型资质清单，增传相应资质证书
13	人员提交审核后在待审核栏无法查询该人员	先确认人员查询的信息是否输入正确，其次确认人员资质是否已经在审核中，如果正在审核中可选择不同的审核状态进行查询
14	上传人员资质证书图片时，怎么同时选择多张图片上传	选择图片后按住"Ctrl"键，再点击其他图片，可同时选择多张图片上传
15	资质证书过期后，新增资质无法成功生效	资质证书过期，需要先删除原有过期资质证书，再重新新增维护新的资质方才有效

第二节　非主业人员准入

一、工作要求

人是现场作业和管控措施执行的主体，也是作业风险管控最关键因素。管住人员就是通过建立完善的人员安全准入、评价、奖惩、退出等制度规范体系，对各类作业人员实施严格的安全准入考试、违章记分管控和安全激励约束，强化全方位、全过程的监督管理，以安全制度规范人、用监督管控约束人、拿安全绩效引导人，做到"知信行"合一，切实增强作业人员主动安全意识和能力，为"管住现场"提供关键保障。

二、材料清单

非主业人员准入材料清单见表3-3。

表3-3　非主业人员准入材料清单

序号	人员类型	人员信息														
		身份证	证件照	三种人资质文件	劳动合同	保险信息	社保信息	体检情况	项目部成立文件	带电作业证	大型机械操作证	安全考核证	特种作业证	监理资格证	现场实操考核情况	线下考试成绩
1	项目经理（不得兼任其他岗位）	✓	✓	具有三种人身份的人员需要上传	✓	✓	✓	✓	成立项目部的人员需要上传			✓				参加线下考试的人员需要上传
2	安全员（不得兼任其他岗位）	✓	✓		✓	✓	✓	✓				✓				
3	项目部其他管理人员	✓	✓		✓	✓	✓	✓								
4	特种作业人员（技工）	✓	✓										✓		✓	

续表

序号	人员类型	人员信息														
		身份证	证件照	三种人资质文件	劳动合同	保险信息	社保信息	体检情况	项目部成立文件	带电作业证	大型机械操作证	安全考核证	特种作业证	监理资格证	现场实操考核情况	线下考试成绩
5	一般施工人员（辅工、临时工）	√	√	具有三种人身份的人员需要上传	√	√		√	成立项目部的人员需要上传							参加线下考试的人员需要上传
6	技术服务人员	√	√		√	√										
7	大型机械操作员	√	√		√						√					
8	带电作业人员	√	√		√	√	√	√		√						
9	监理人员	√	√		√									√		

注　不同人员类型必须按要求提供表格中打"√"的材料，未打"√"的其他材料不作要求。

1. 身份证

（1）示例（见图3-29）。

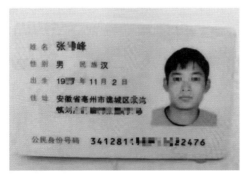

图3-29　身份证照示例

（2）注意事项：准入人员的身份证件信息必须真实、有效，清晰可辨。

2. 证件照

（1）示例（见图3-30）。

示例照片（男）：
- 简单背景
- 正脸
- 面部光照强度适中
- 镜片儿无反光
- 面部明暗均匀

示例照片（女）：
- 简单背景
- 正脸
- 面部光照强度适中
- 面部明暗均匀

图 3-30　证件照示例

（2）注意事项：①应使用清晰、免冠头像，露出眉毛和眼睛，无逆光、无过度美颜；②图片像素不低于 320×240，人脸占整个画面 40%~60%，不能为全身照或半身照，必须为大头照；③保证照片纵向正脸，佩戴眼镜则要求镜片无反光；④照片格式应为 JPG、PNG，大小应大于 20K 小于 1 m。

3. 三种人资质文件

（1）示例（见图 3-31）。

安徽▨▨电力工程有限公司文件

▨▨办〔2022〕31 号

关于调整下发 2022 年▨▨项目部"三种人"及工作班
成员名单的通知

▨▨供电公司：

为规范我公司在贵公司所承揽项目的规范管理，公司对项目部人员进行技术及安全知识培训，经安规培训和考试合格后，对阜南施工项目部所属人员进行如下任命：

工作票签发人：白▨娇、罗▨元、张▨、李▨、洪▨芳

工作负责人：贾▨邦、冯▨、牛▨

工作许可人：田▨、刘▨文、刘▨霞、陈▨、肖▨

工作班成员：齐▨振、洪▨晴、潘▨、周▨苹、彭▨冬、杨▨生、张▨叭、付▨意、李▨、刘▨、马▨杰、王▨彬、张▨、高▨龙、李凯▨生、王▨、张▨、孙▨泰、满▨田等人员。

特此通知。

安徽▨▨电力工程有限公司
2022 年 02 月 11 日

图 3-31　三种人资质示例

（2）注意事项：应有单位下发的正式文件且加盖单位公章。

4. 劳动合同

（1）示例（见图3-32、图3-33）。

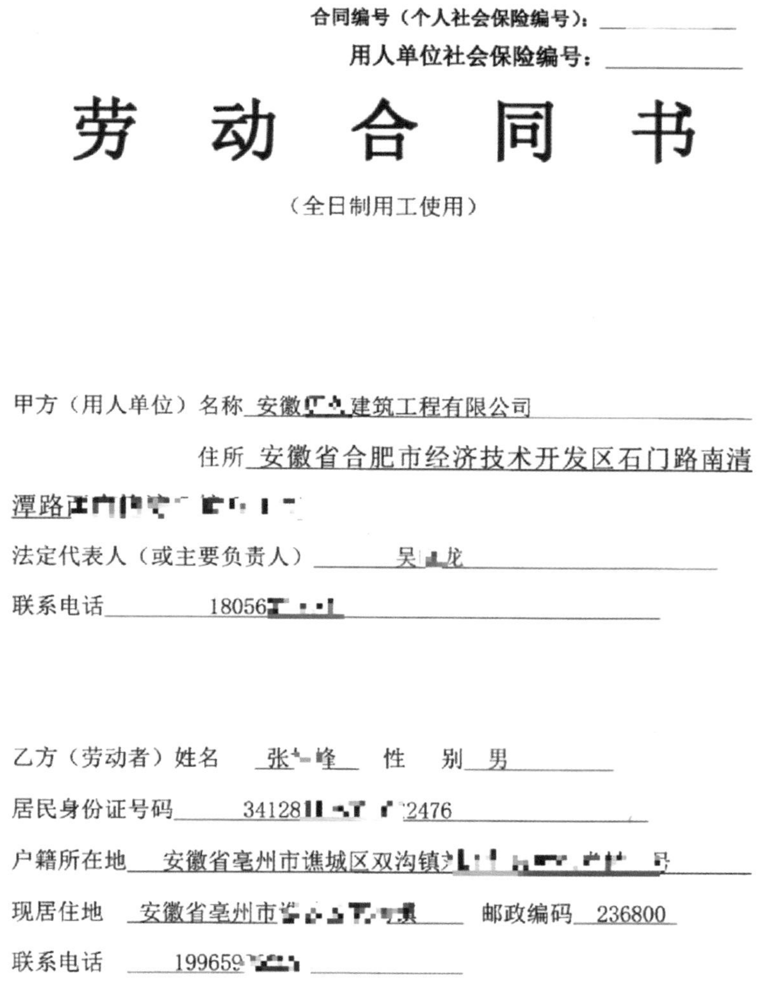

合同编号（个人社会保险编号）：＿＿＿＿＿＿

用人单位社会保险编号：＿＿＿＿＿＿

劳 动 合 同 书

（全日制用工使用）

甲方（用人单位）名称 安徽█▃建筑工程有限公司

　　　　　　　住所 安徽省合肥市经济技术开发区石门路南清

潭路██████████

法定代表人（或主要负责人）　　　　吴█龙

联系电话　　　　18056█▄██

乙方（劳动者）姓名　　张▄峰　　性　别　男

居民身份证号码　　　34128██▄█▄█2476

户籍所在地　　安徽省亳州市谯城区双沟镇█▌▌▌█████号

现居住地　　安徽省亳州市██████县　　邮政编码　236800

联系电话　　　199659████

图 3-32　劳动合同首页示例

（2）注意事项：劳动合同中的单位及单位签章、人员名称应与提供的社保情况、保险情况及体检情况证明信息保持统一，且附上用人单位公章及法人或委托人签字。

5. 保险信息

（1）示例（见图3-34、图3-35）。

	（六）法律、行政法规规定的其他情形。 　　劳动合同期满，有本合同第十八条规定情形之一的，劳动合同应当延续至相应的情形消失时终止。同时，本合同第十八条第（二）项规定丧失或部分丧失劳动能力劳动者的劳动合同的终止，按照国家有关工伤保险的规定执行。
经济补偿	**第二十条**　有下列情形之一的，甲方应当向乙方支付经济补偿： 　　（一）甲方依照本合同第十三条规定向乙方提出解除合同并与乙方协商一致解除合同的； 　　（二）乙方依照本合同第十五条规定解除合同的； 　　（三）甲方依照本合同第十七条规定解除合同的； 　　（四）除甲方维持或提高劳动合同约定条件续订劳动合同，乙方不同意续订的情形外，依照本合同第十九条第（一）项规定终止固定期限劳动合同的； 　　（五）依照本合同第十九条第（四）、（五）项规定终止劳动合同的。
双方约定的其他事项	**第二十一条**　甲、乙双方本着合法、公平、平等自愿、协商一致、诚实信用的原则约定：
争议处理	**第二十二条**　甲乙双方因履行本合同发生争议，可及时协商解决；也可依法申请调解、仲裁、提起诉讼。
其他事项	**第二十三条**　本合同未尽事宜，按照国家、省市有关规定办理；在合同期内，如本合同条款与国家、省、市有关新规定不符的，按新规定执行。 **第二十四条**　本合同一式叁份，甲、乙双方各执一份，另一份存入乙方档案。 **第二十五条**　本合同是甲乙双方建立劳动关系、办理用工备案、处理劳动争议、续订合同或办理社会保险及流动转移手续的依据，甲乙双方应妥善保管。
签　　章	甲方（单位公章）　　　　　　　　　　乙方（签字） 法定代表人　　或委托代理人 （主要负责人） 签章 　　年　　月　　日　　　　　　　　　2022 年 9 月 15 日

图 3-33　劳动合同尾页示例

公司最近季度的综合偿付能力充足率为170.19%，分类监管评级为B，偿付能力充足，符合监管规定。

NB0200

10180000■■■

国网英大集团
STATE GRID YINGDA GROUP
英大泰和人寿保险股份有限公司
YINGDA TAIHE LIFE INSURANCE CO., LTD.

团体人身保险投保单

币值单位：人民币元

投保单位信息

单位名称：湖南■■■力建设有限公司		
单位地址：湖南省娄底市娄星区湘中大道与竹林■■■■■		邮政编码：417000
组织机构代码：	单位社会登记证号：	
企业法人营业执照：	税务登记证：9143130079■■■	办学许可证：
单位性质：民营企业	行业类别：电力、蒸汽、热水的生产和供应业	经营区域：
单位总人数：8	在职人数：8	退休人数：0
主被保险人数：8	附属被保险人数：0	合计：8
保险联系人一：朱■权	所在部门/职务：综合部	手机：180198■■■
办公电话：0738-82■■■	E-mail：81964■■■om	传真：
保险联系人二：	所在部门/职务：	手机：
办公电话：	E-mail：	传真：
付款方式：银行转账（非制返盘）	开户银行：地方农村商业银行	负责人：旷■申
银行账号：8201330000■■■	合同争议处理方式：诉讼	法定代表人：旷■申
主要控股股东1单位性质：民营企业	主要控股股东1名称：旷■申	
是否打印保单：是	投保人及被保险人是否要求提供纸质保险凭证：否	
电子发票：不打印	电子发票接收邮件：	

投保相关信息

申请保险生效时间：2022年2月17日零时	保险费负担原则：投保人全额承担	交费方式：趸交
保障层级划分标准：统一无区分	身故受益人：法定继承人	保险期限：1年

投保险种信息

险种名称	补充住院医疗公共保险金额	补充门急诊医疗公共保险金额
英大弘安团体意外伤害保险	——	
英大人寿附加意外伤害团体医疗保险	——	
英大人寿附加意外住院津贴团体医疗保险	——	

———————————— 以下无险种信息 ————————————

投保保险费合计大写（小写）：壹万壹仟贰佰元整（11200.00）

备注及特别约定

图 3-34　保险单示例

团体人身保险被保险人清单（主被保险人）

国网英大集团
英大泰和人寿保险股份有限公司
YINGDA TAIHE LIFE INSURANCE CO., LTD.

投保单位名称：湖南高源电力建设有限公司　　　　　　　　　　　　投保单号码：10180000134.？

序号	被保险人	证件类型	证件号码	性别	年龄	出生日期	所属计划编码	保费	身故受益人	职业及工种	职业代码	职业类别	有无医保	国籍	备注
1	朱春权	身份证	341127￥210093417	男	49	1972-10-09	14	1400	法定继承人	电力电缆安装工	6070107	5	无医保	中国	
2	叶？	身份证	341226199XX203041X	男	32	1990-02-03	14	1400	法定继承人	电力电缆安装工	6070107	5	无医保	中国	
3	李二明	身份证	3411271523661163410	男	56	1995-11-16	14	1400	法定继承人	电力电缆安装工	6070107	5	无医保	中国	
4	李氪	身份证	341182197301103416	男	32	1990-01-10	14	1400	法定继承人	电力电缆安装工	6070107	5	无医保	中国	
5	刘曙彬	身份证	341182197621201214	男	52	1964-11-20	14	1400	法定继承人	电力电缆安装工	6070107	5	无医保	中国	
6	阚磊才	身份证	341127195954618	男	38	1964-05-05	14	1400	法定继承人	电力电缆安装工	6070107	5	无医保	中国	
7	李炳然	身份证	513027194950816	男	43	1978-10-25	14	1400	法定继承人	电力电缆安装工	6070107	5	无医保	中国	
8	李上常	身份证	342128194999375417	男	58	1962-05-07	14	1400	法定继承人	电力电缆安装工	6070107	5	无医保	中国	

第1页，共1页　　　　制表人：朱可军　　　　制表日期：2022-2-17　　　　投保单位盖章：
本申请表格如有涂改，须经客户盖章确认。如涂改未有盖章或涂改超过三处，该申请表格无效。

图 3-35　被保险人清单明细表示例

（2）注意事项：保险信息包括保险单和被保险人员明细，保险单应加盖保险公司公章，保险人员明细表中应包含准入人员名称并加盖保险公司公章。保险金额要求是特种作业人员保额 100 万元，一般施工人员保额 50 万元。

6. 社保信息

（1）示例（见图 3-36）。

（2）注意事项：项目部管理人员、施工负责人、特种作业人员必须与被雇佣企业存在社保关系，社保记录应按照"一人一档"上传，不得使用单位批量打印的社保记录。社保缴纳明细表中的人员姓名应与劳动合同、体检情况、保险情况中的姓名保持一致，且加盖当地社保机构的公章，必须带有查询二维码。

7. 体检情况

（1）示例（见图 3-37）。

（2）注意事项：体检信息表应包括人员照片、体检时间、清晰公章、体检内容（包含视力、听力、血压、心电图），如为体检中心体检，需要将所有体检报告分页上传，若无医院盖章，需要体检中心开具证明。

8. 项目部成立文件

（1）示例（见图 3-38、图 3-39）。

安徽省个人历年缴费明细表

单位名称： 安徽███电力工程有限公司 　　　单位编号： 1███ 　　　日期： 2022-10-13 11:09:44

姓名		身份证号		性别					
███		3421████████135		男					
缴费年月	险种标志	单位缴费基数	个人缴费基数	单位缴费额	个人缴费额	缴费月数	缴费状态	到账年月	缴费类型
202210	补充工伤保险	0.00	0.00	11.00	0.00	1	未到账		正常缴费
202210	工伤保险	3429.11	3429.11	27.43	0.00	1	已到账	202210	正常缴费
202210	失业保险	3429.11	3429.11	17.15	17.15	1	已到账	202210	正常缴费
202210	养老保险	3429.11	3429.11	548.66	274.33	1	已到账	202210	正常缴费
202209	补充工伤保险	0.00	0.00	11.00	0.00	1	未到账		正常缴费
202209	工伤保险	3429.11	3429.11	27.43	0.00	1	已到账	202209	正常缴费
202209	失业保险	3429.11	3429.11	17.15	17.15	1	已到账	202209	正常缴费
202209	养老保险	3429.11	3429.11	548.66	274.33	1	已到账	202209	正常缴费
202208	补充工伤保险	0.00	0.00	11.00	0.00	1	未到账		正常缴费
202208	工伤保险	3429.11	3429.11	27.43	0.00	1	已到账	202208	正常缴费
202208	失业保险	3429.11	3429.11	17.15	17.15	1	已到账	202208	正常缴费
202208	养老保险	3429.11	3429.11	548.66	274.33	1	已到账	202208	正常缴费

重要提示

本证明与经办窗口打印的材料具有同等效应

验真码： 6W 12 27AC B778

扫描二维码或访问安徽省人社厅网站-->在线办事-->便民热点，点击【社会保险凭证在线验

注：如有疑问，请至经办归属地社保经办机构咨询。

图 3-36　社保缴纳清单示例

健 康 检 查 表

2022 年 2 月 14 日　　　　　　　　　　　　　　　　　　　编号

姓　名	刘甲	性别	男	年龄	30	婚否		职业		
籍　贯		现住址(部别)								

病历	既往史			言语	
	家族史				

一般检查	身长	109 公分	体重	87 公斤	胸围	公分	呼吸差	公分
	握力	左　右	营养		发育		肺活量	

五官科	眼	视力	左5.0 右5.0	矫正视力	左　右	辨色力	正常	医师意见: 正常
		砂眼	左无 右无	鼻	正常	咽喉	正常	
	耳	听力	左5 右5	齿	龋齿		齿槽脓漏	签字 吴秋艳
		耳疾	无		齿脱落		其他	

外科	脊柱		四肢		关节		医师意见: 正常
	肛门	正常	疝	正常	泌尿生殖器	正常	
	皮肤		淋巴		甲状腺		签字 周长康
	其他						

内科	血压	130/78	KPa 银柱	颈部		医师意见: 合格
	心脏与血管					
	肺部	正常				
	腹部					
	神经与精神					签字 李虹魏
	其他					

实验检查(必要时进行)	梅毒反应		尿		X光透视检查
	血色素		大便		
	血沉		痰		
	其他				

检查结果及意见	合格	主检医师签字: 李卫

图 3-37　体检信息表示例

安徽▓▓电力工程有限公司文件

▓▓力〔2022〕41 号

关于成立安徽▓▓电力工程有限公司▓▓项目部的通知

安徽▓▓▓▓工程集团有限公司▓▓分公司、▓▓▓▓▓▓电力维修服务有限公司▓▓分公司:

  为规范我公司在贵公司所承揽项目的规范管理,公司决定对项目部人员进行技术及安全知识培训,经考核合格,成立"安徽▓▓电力工程有限公司▓▓项目部",同时选拔任命贾▓邦为施工项目部总负责人,负责项目部安全施工及综合事务管理。

  特此通知。

安徽▓▓电力工程有限公司

2022 年 03 月 01 日

主题词:▓▓项目部成立,通知成立

抄送:公司各部门、安徽▓▓▓▓工程集团有限公司

图 3-38 项目部成立文件示例

序号	姓名	年龄	身份证号	岗位	证件号	证件有效期
1	白雪娇	34	2301251888 1110724	项目经理（建造师）	皖234217722659 T23012519881110724 1734240E140500005	2026.2.1
2	罗永元	44	3624251978 05200410	项目经理（工作票签发人）	皖234171901554 皖建安B（2019） 02 3984	2022.10.16
3	张辉	54	3401111868 68305238	项目经理（工作票签发人）	皖234135626701 皖建安B（2015）00%671	2023.06.18
4	陈	35	321323 867 016344	技术员（工作票签发人）	T341221198109192836 BFZ03（16）2 03	2026.2.1
5	肖	39	341223 898 2240021	质检员（计划员）	T321323198711016344 213421011342900060	2027.5.29
6	田	46	3412211978 043757	安全员（工作许可人）	T341222198 02240021 213421015 8700081	2027.5.29
7	洪 芳	33	3412211980 06280X	项目经理（工作票签发人）	T3412211980306280X 皖建安B（2021）0299703 皖234212 1 104	2026.7.23
8	李	43	341221 9 91 29290	项目经理（工作票签发人）	T341221197912129290 皖234172 52070 皖建安B（2015）002 510	2026.9.4
9	刘 文	36	3412211 655 082953	安全员（工作票许可人）	T341221166550082953 皖建安C（2016）006 889	2026.2.1
10	刘 霞	39	412828198 11283349	技术员（工作票许可人）	T412828198 1283349 17342400 1 100001	2026.2.1

安徽 电力工程有限公司双准入人员

图 3-39 项目部成立文件人员信息示例

（2）注意事项：成立施工项目部的工程参建人员需要上传，内容包括项目部管理人员、工作票签发人、工作负责人任命情况，施工人员明细，加盖单位公章。

9. 带电作业证

（1）示例（见图3-40）。

图 3-40 带电作业证示例

（2）注意事项：社会施工单位带电作业人员应根据提示上传带电作业证和实操认证结果。

10. 大型机械操作证

（1）示例（见图3-41、图3-42）。

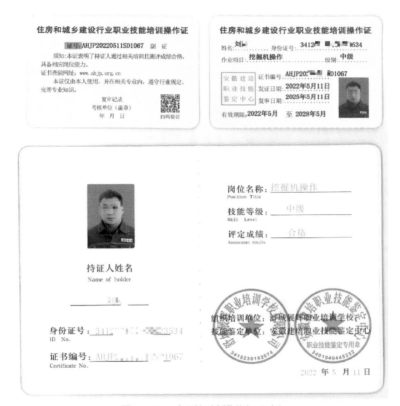

图 3-41　大型机械操作证示例

图 3-42　大型机械操作证查询截图示例

（2）注意事项：进入发证单位的官方查询网站，输入要查询的人员名称和身份证号码，查询并截图（例：安徽省建培职业技能鉴定中心网址：http://www.ahjp.org.cn/）。

11. 安全考核证

（1）示例（见图3-43、图3-44）。

图 3-43　安全考核证示例

图 3-44　安全考核证官网查询截图示例

（2）注意事项：进入发证机关所在省的住房和城乡建设厅官网，输入要查询的人员名称和身份证号码，查询并截图。

12. 特种作业证

（1）示例（见图3-45、图3-46）。

图 3-45　特种作业证示例

图 3-46　特种作业证官网查询截图示例

（2）注意事项：在浏览器中输入http://cx. me m.gov.cn/ cms/ht ml/，登录全国安全生产资格证书查询官网，选择证件类型，输入身份证号码、姓名、验证码进行查询并截图。

13. 监理资格证

（1）示例（见图3-47）。

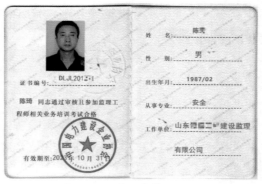

图 3-47　监理资格证示例

（2）注意事项：进入发证单位的官方查询网站，输入要查询的人员名称和身份证号码，查询并截图。

14. 现场实操考核情况

（1）示例（见图3-48）。

（2）注意事项：现场实操考核表应包含各考核项目得分、考核总成绩、考核人/评分人签字、考核时间等内容，且加盖用人单位公章方才有效。

图 3-48　现场实操考核表示例

三、工作流程

非主业人员准入流程见图3-49。

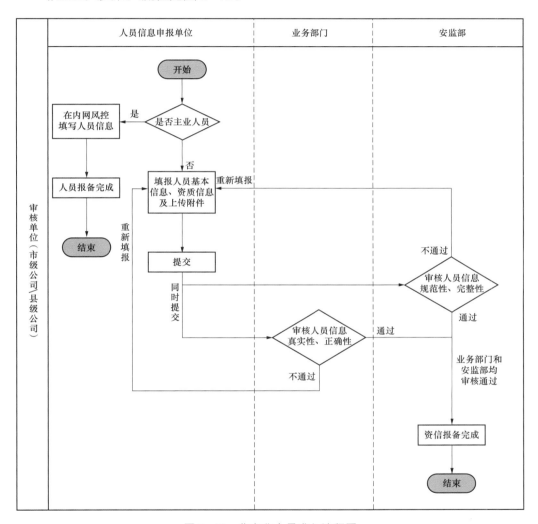

图 3-49　非主业人员准入流程图

省管产业/送变电/社会施工人员统一由风险监督平台（互联网大区端）进行准入审核，通过双审核后，进入准入人员库。

省管产业单位自有员工、主业员工支援集体企业，在风险监督平台（互联网大区端）开展安全准入工作，部分特殊人员（如省管产业单位自有人员承揽主业运维、抢修工作）在风险监督平台（内网端）开展安全准入工作。

四、操作步骤

1. 登录系统

在浏览器输入 http://10.138.238.17:20020/supervision/index.ht ml，进入风险监督平台（互联网大区）系统，如图3-50所示。

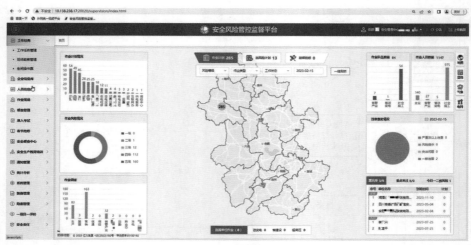

图 3-50　系统登录界面

2. 填报人员基本信息

菜单导航：人员信息库→人员基本库，点击人员基本库进入界面，如图3-51所示。

图 3-51　人员基本库界面

　　点击【新增】按钮，进入施工人员新增准入信息填写页面，包括施工人员基础信息和资信上传两部分，如图3-52所示。

　　准入人员可以提前准备好基础信息部分的文字材料，并按要求真实、准确填写。

　　基本信息中必填字段的填写要求如下：

　　（1）姓名：真实姓名，应与身份证件姓名保持一致。

图 3-52　人员基本库新增界面

　　（2）身份证号：应与身份证件上的号码保持一致。

　　（3）所属企业：查询并选择准入人员所属的施工企业名称。

　　（4）出生日期：输入身份证号码后系统自动生成。

　　（5）性别：选择男/女。

　　（6）年龄：输入身份证号码后系统自动生成。

　　（7）手机号码：真实、有效的手机号码。

　　（8）民族：与身份证件上的民族信息保持一致。

　　（9）人员类型：选择人员类型，有且只能选择一种，若无则选无。

　　（10）项目部岗位：选择项目部岗位，若无选无。

　　（11）三种人身份：选择三种人身份，若无选无。

　　（12）个人证件照：近期蓝底或白底证件照片1张，要求清晰。

　　（13）个人身份证照片：上传身份证正面（印有国徽面）、反面图片（印有头像面）。

　　填写完成后点击【保存】按钮，出现"保存成功"的提示信息即为成功，如图

3-53所示。

3.新增人员资质信息并上传附件

（1）新增从业资格证书信息并上传附件。

1）需要填报的人员：特种作业人员（技工）、大型机械操作人员、项目部人员。

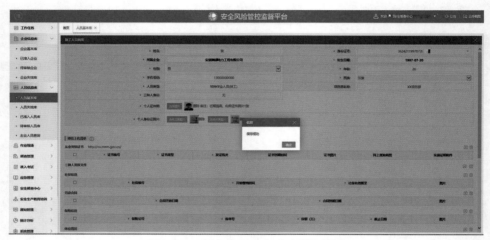

图 3-53　基本信息保存成功提示界面

2）操作步骤：点击从业资格证书栏右侧的 ▤ 按钮，进入从业资格证书新增界面，选择证书类型，如图3-54所示。以特种作业操作证为例，应填写操作项目大类、操作项目小类、证书应复审时间、证书编号、发证机关、技能测评成绩，同时上传证书图片、网上查询截图、实操证明附件（视频或实操鉴定结果），依次点击【选择图片】按钮，找到保存在电脑中的图片进行上传，如图3-55所示。

图 3-54　从业资格证书类型选择界面

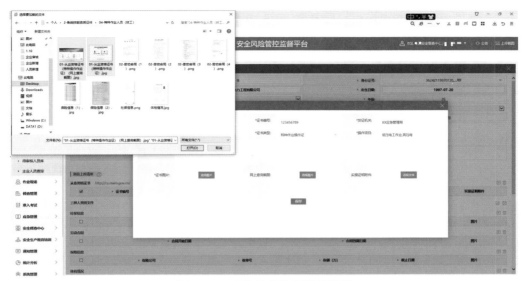

图 3-55　上传从业资格证书界面

若要删除重新填报，勾选对应证书后点击 🗑 按钮，如图3-56所示。

图 3-56　从业资格证书删除界面

3）注意事项：①操作项目大类、操作项目小类、证书应复审时间、证书编号、发证机关、技能测评成绩应与从业资格证书上信息保持一致，准入人员应提前准备好相关文字材料，便于提高录入效率；②从业资格证书图片可以选择多张同时上传，操作方法是先选中一张图片，按住"Ctrl"键，再点击其他图片，每张图片的大小不能超过5.00 mB；③实操证明附件必须提供实操考核表，对于是否上传视频不作强制要求，准入人员可根据考核的实际情况上传。

（2）新增三种人资质文件并上传附件。

1）需要填报的人员：具有三种人身份的人员。

2）操作步骤：点击三种人资质文件栏右侧的 按钮，如图3-57所示。找到保存在电脑中的图片，上传三种人资质文件，如图3-58所示。

图 3-57　三种人上传按钮界面

图 3-58　三种人资质上传界面

3）注意事项：三种人资质附件是具有三种人身份的人员才需要填报上传。三种人资质图片可以选择多张同时上传，操作方法是先选中一张图片，按住"Ctrl"

键，再点击其他图片。

（3）新增社保信息并上传附件。

1）需要填报的人员：项目经理、安全员、项目部其他管理人员、特种作业人员（技工）、带电作业人员。

2）操作步骤：点击社保信息栏右侧的 按钮，进入社保信息新增界面，如图3-59所示。填写社保编号，选择开始缴纳时间、社保有效期，如图3-60所示。在上传附件栏点击【选择图片】按钮，找到保存在电脑中的图片进行上传。上传完成后，点击【保存】按钮，如图3-61所示。

图 3-59　社保信息新增界面

图 3-60　选择社保缴纳时间、有效期界面

图 3-61　社保信息保存界面

3）注意事项：社保编号、开始缴纳时间、社保有效期应与准入人员社保单上的信息保持一致。社保记录应按照"一人一档"上传，不得使用单位批量记录，本次上传社保证明材料缴纳时间不满3个月的有效期是3个月，缴纳达到3个月的有效期为1年。社保证明图片可以选择多张同时上传，操作方法是先选中一张图片，按住"Ctrl"键，再点击其他图片。

（4）新增劳动合同并上传附件。

1）需要填报的人员：所有类型的准入人员。

2）操作步骤：点击劳动合同栏右侧的 📑 按钮，进入劳动合同新增界面。选择合同开始日期、合同到期日期，如图3-62所示。在劳动合同图片栏点击【选择图片】按钮，找到保存在电脑中的图片进行上传，如图3-63所示。上传完成后，点击【保存】按钮，如图3-64所示。

3）注意事项：劳动合同开始日期、合同到期日期应与证书上的信息保持一致。劳动合同图片可以选择多张同时上传，操作方法是先选中一张图片，按住"Ctrl"键，再点击其他图片。

（5）新增保险信息并上传附件。

1）需要填报的人员：项目经理、安全员、项目部其他管理人员、特种作业人员（技工）、一般施工人员（辅工、临时工）、技术服务人员、带电作业人员。

2）操作步骤：点击保险信息栏右侧的 📑 按钮，进入保险信息新增界面，如图3-65所示。填写保险公司、保单号、保额（万元）、有效期，在保单图片栏点击【选择图片】按钮，找到保存在电脑中的图片进行上传，如图3-66所示。上传完成后，点击【保存】按钮，如图3-67所示。

图 3-62 劳动合同新增界面

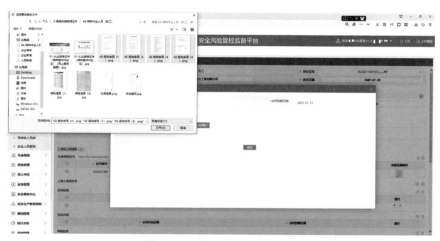

图 3-63 劳动合同上传界面

图 3-64 劳动合同新增保存界面

图 3-65　保险信息新增界面

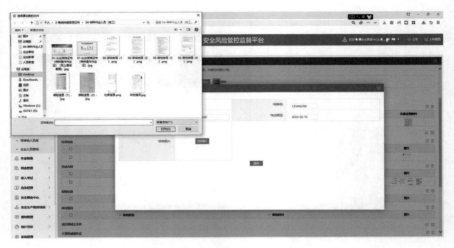

图 3-66　保单图片上传界面

图 3-67　保险信息保存界面

3）注意事项：保险公司、保单号、保额（万元）、有效期应与保险单上的信息保持一致，准入人员可以提前准备好文字材料，便于提高工作效率。应提供保险单及人员明细，若人员变更需要有审批单；保险金额单位是万元，框内不需要再写单位；保单图片可以选择多张同时上传，操作方法是先选中一张图片，按住"Ctrl"键，再点击其他图片。

（6）新增体检情况并上传附件。

1）需要填报的人员：项目经理、安全员、项目部其他管理人员、特种作业人员（技工）、一般施工人员（辅工、临时工）、带电作业人员。

2）操作步骤：点击体检情况栏右侧的 按钮，进入体检情况新增界面，需要填写体检医院、体检时间，如图3-68所示。在体检图片栏点击【选择图片】按钮，找到保存在电脑中的图片进行上，如图3-69所示。上传完成后，点击【保存】按钮，如图3-70所示。

3）注意事项：体检医院、体检时间应与体检表上的信息保持一致，准入人员可以提前准备好文字材料，便于提高工作效率；体检照片可以选择多张同时上传，操作方法是先选中一张图片，按住"Ctrl"键，再点击其他图片。

（7）新增项目部成立文件并上传附件。

1）需要填报的人员：所有类型的准入人员。

2）操作步骤：点击项目部成立文件栏右侧的 按钮，如图3-71所示。找到保存在电脑中的图片，上传项目部成立文件图片，如图3-72所示。

图3-68　体检情况新增界面

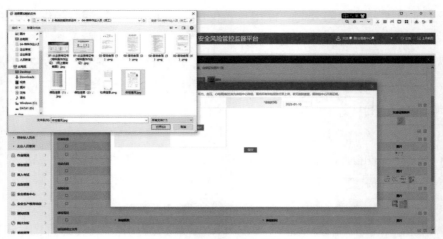

图 3-69　体检照片上传界面

图 3-70　体检情况保存界面

图 3-71　项目部成立文件新增界面

图 3-72 项目部成立文件上传界面

3）注意事项：项目部成立文件图片可以选择多张同时上传，操作方法是先选中一张图片，按住"Ctrl"键，再点击其他图片。

（8）新增带电作业证并上传附件。

1）需要填报的人员：带电作业人员。

2）操作步骤：点击带电作业证栏右侧的 按钮，进入带电作业证新增界面。填写证书编号、有效期、证书类别、实操认定结果，如图3-73所示。在带电证书图片栏和实操考核栏点击【选择图片】按钮，找到保存在电脑中的图片进行上传，如图3-74所示。上传完成后，点击【保存】按钮，如图3-75所示。

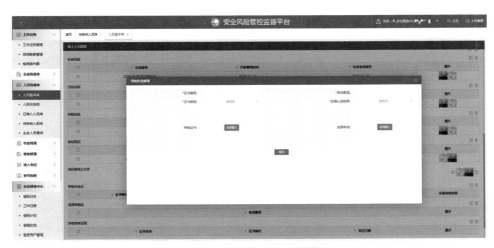

图 3-73 带电作业证新增界面

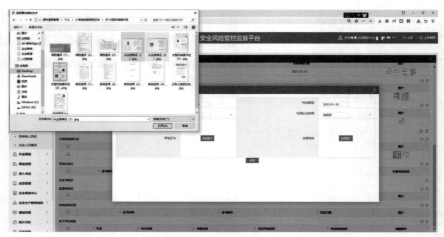

图 3-74 带电作业证书上传界面

图 3-75 带电作业证新增保存界面

3）注意事项：带电作业证证书编号、有效期、证书类别、实操认定结果应与证书上的信息保持一致，准入人员可以提前准备好文字材料，便于提高工作效率。带电作业证书图片可以选择多张同时上传，操作方法是先选中一张图片，按住"Ctrl"键，再点击其他图片。

（9）新增监理资格证并上传附件。

1）需要填报的人员：监理人员。

2）操作步骤：点击监理资格证栏右侧的 ▤ 按钮，进入监理资格证书新增界面。需要填写证书有效期和上传图片，如图3-76所示。在证书图片栏点击【选择图片】按钮，找到保存在电脑中的图片进行上传，如图3-77所示。上传完成后，点击【保存】按钮，如图3-78所示。

图 3-76 监理资格证书新增界面

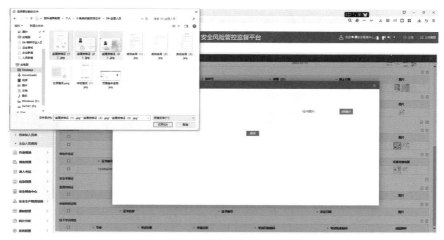

图 3-77 监理资格证书上传界面

图 3-78 监理资格证书保存界面

3）注意事项：监理资格证有效期应与证书上的信息保持一致，准入人员可以提前准备好文字材料，便于提高工作效率。监理资格证图片可以选择多张同时上传，操作方法是先选中一张图片，按住"Ctrl"键，再点击其他图。

（10）新增其他证明并上传附件。

1）与准入人员业务类型相关的其他证明材料，若无可不填。

2）操作步骤：点击其他资质证明栏右侧的 按钮，进入其他资质新增界面，填写证书编号、证书名称、发证日期和上传证书图片，如图3-79所示。在证书图片栏点击【选择图片】按钮，找到保存在电脑中的图片进行上传，如图3-80所示。上传完成后，点击【保存】按钮，如图3-81所示。

图 3-79　其他资质证明新增界面

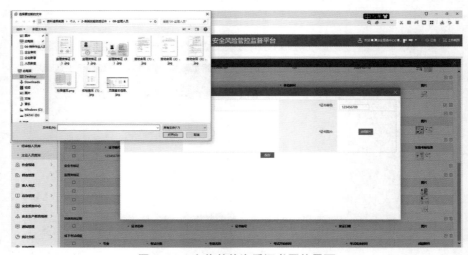

图 3-80　上传其他资质证书图片界面

图 3-81　其他资质证明保存界面

3）注意事项：其他资质证书编号、证书名称、发证日期应与证书上的信息保持一致，准入人员可以提前准备好文字材料，便于提高工作效率。其他资质图片可以选择多张同时上传，操作方法是先选中一张图片，按住"Ctrl"键，再点击其他图。

（11）新增线下考试成绩并上传附件。

1）需要填报的人员：参加线下考试的人员。

2）操作步骤：点击线下考试成绩栏右侧的 按钮，进入线下考试成绩新增界面。填写单位名称、专业、人员性质、考试分数、考场名称、考试开始时间、考试结束时间和上传图片，如图3-82所示。在图片栏点击【选择图片】按钮，找到保存在电脑上的图片进行上传。上传完成后，点击【保存】按钮，如图3-83所示。

图 3-82　线下考试成绩新增界面

图 3-83　线下考试成绩新增保存界面

上传完资信材料，检查确认无误后，点击【保存】按钮，如图3-84所示。

图 3-84　保存界面

3）注意事项：准入人员可以提前准备好文字材料，便于提高工作效率。考试试卷图片可以选择多张同时上传，操作方法是先选中一张图片，按住"Ctrl"键，再点击其他图。

4. 提交人员资质信息

（1）操作步骤：在人员基本库的搜索框中输入人员名称、手机号、身份证号进行查询，勾选并点击【提交】按钮，如图3-85所示。选择专业部门和安监部，点击【确定】按钮完成提交，如图3-86所示。

图 3-85 提交按钮界面

图 3-86 提交审核界面

（2）注意事项：审核单位应选择安监部和业务主管部门，业务主管部门负责审核资信的真实性、正确性，安监部负责审核资信的规范性、完整性。

5. 审核人员资质信息

（1）操作步骤：菜单导航为人员信息库→待审核人员库，点击待审核人员库进入界面，可查询人员名称、统一社会信用代码、当前审核的状态，如图3-87所示。

在搜索框中输入人员名称或身份证号码查询人员，勾选对应的准入人员，点击【审核】按钮进入审核页面。专业部门审核人员资信的真实性、正确性，真实性包括信息填写是否属实、证书是否造假等，正确性包括上传证书能否与所要求的一一对应，如图3-88所示。安监部门审核人员资信的规范性、完整性，规范性包括是否按照证书模板所要求的来提供，证书里的要素是否齐全等，完整性包括是否有漏传、少传，如图3-89所示。

图 3-87　待审核人员库整体界面

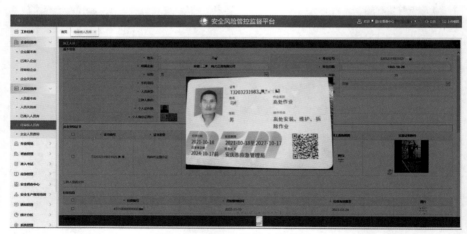

图 3-88　专业部门审核界面

图 3-89　安监部门审核界面

专业部门和安监部门根据审核情况决定准入企业是否通过，点击【审核通过】或【审核不通过】按钮，如图3-90所示。

图 3-90 审核通过/不通过界面

（2）注意事项：专业部门审核队伍资信的真实性、正确性，安监部门审核队伍资信的规范性、完整性。

6. 其他操作及适用场景。

（1）修改准入人员信息。

1）适用场景：人员填报完基本信息并上传资质，但未提交审核。

2）操作步骤：在人员基本库中查询并勾选人员，点击【修改】按钮进行人员信息修改页面，如图3-91所示。

图 3-91 人员信息修改界面

3）注意事项：已经提交审核的人员信息不能修改。

（2）导出准入人员信息。

1）适用场景：进行数据统计分析，获取全部准入人员信息。

2）操作步骤：在"已准入人员库"中点击【导出】按钮，如图3-92所示，系统会自动下载当前已准入人员的信息，生成文档并进行保存。

图 3-92　已准入人员库界面

（3）追加人员资质。

1）适用场景：人员资质准入后，需要继续增加资料。

2）操作步骤：在人员基本库中查询并勾选人员，点击【资质追加】按钮进入资质追加页面，如图3-93所示。

图 3-93　资质追加界面

3）注意事项：资质追加不影响原准入关系，可以在原准入资质上继续上传资料，无法删除过期资质信息。

（4）变更人员资质。

1）适用场景：准入人员需要更新或删除过期资质信息。

2）操作步骤：在人员基本库中查询并勾选人员，点击【资质变更】按钮进入资质变更页面，如图3-94所示。

图3-94　资质变更按钮界面

3）注意事项：确认变更后原准入关系全部取消，同时将信息变更授权码发送至本人手机号，人员资质信息审核通过后恢复正常。

五、常见问题

非主业人员准入常见问题及解决措施见表3-4。

表3-4　非主业人员准入常见问题及解决措施

序号	问题描述	解决措施
1	人员已经通过准入审核，但是无法进入现场工作	通过风险监督平台查询是否已经参加准入考试并通过，所有作业人员资信审核和准入考试都通过后，方可准许其参与现场作业

序号	问题描述	解决措施
2	员工在现场开展工作时，突然被系统集体判定为未准入并要求离场	发现现场被系统集体判定未准入，需要及时确认企业资质证书是否已经过期，联系企业负责准入人员完善、规范准入信息，待准入系统显示或恢复正常后方可进入现场作业
3	省管产业单位人员用工性质复杂，既有主业人员，又有自有人员和外聘人员，各类型人员在风险监督平台（内网端）还是风险监督平台（互联网大区端）端准入	（1）省管产业单位自有员工，在风险监督平台（互联网大区端）准入。 （2）主业员工支援集体企业，在风险监督平台（互联网大区端）准入。 （3）省管产业单位自有人员承揽主业运维、抢修工作（不承揽工程），在主业班组或中心工作，在风险监督平台（内网端）准入。 （4）公司通过人力资源公司外聘员工（长期稳定合作）在基层供电所或主业班组、中心工作，在风险监督平台（内网端）准入。如果参与承揽工程（农网工程、客户工程）工作，在风险监督平台（互联网大区端）准入（劳动合同需上传公司与人力资源公司签订的派遣合同）。 （5）技术学校实习生需要上传产业单位与学校、学生的三方协议、保险信息
4	录入人员信息时，显示该人员身份证信息已被录入	安全准入信息"一处录入、全省通用、数据共享"，可通过系统查询该准入人员是否在其他地市公司已经录入过，删除原有录入的记录后重新进行信息录入
5	省管产业人员录入时显示为主业人员，导致无法录入人员信息	需要确认省管产业人员的类型，根据不同的人员类型选择风险监督平台（内网端）或风险监督平台（互联网大区端）准入。如果是省管产业自有人员或主业员工支援集体企业，在风险监督平台（互联网大区端）准入；如果自有人员承揽主业运维、抢修工作（不承揽工程），或者公司通过人力资源公司外聘员工（长期稳定合作）在基层供电所或主业班组、中心工作，在风险监督平台（内网端）准入

序号	问题描述	解决措施
6	系统显示主业人员单位与现场作业单位不一致	需要对主业人员所属机构进行调整，根据不同人员类型，操作步骤如下： （1）对已开通风险监督平台账号人员，应登录智慧客服平台，选择"安全风险管控监督平台"，将需要新增、变更、删除的人员最新组织机构路径全称描述清楚，按照模板填写申请表，加盖本单位安监部门章后上传提交，工单提交后，项目组在规定时间内完成系统中人员所属组织机构调整。 （2）对未开通风险监督平台账号人员，由已开通相关权限账号，在平台中"基础信息维护－内部信息维护－人员信息维护"中，通过新增、删除功能调整人员所属组织机构
7	人员资质证书过期后，无法通过资质追加替换原来旧的证书资质	资质追加可以在原准入资质基础上继续上传资料，无法删除或替换过期资质信息，需要通过资质变更功能，上传提交新的资质证书替换原来旧的资质证书
8	人员准入信息提交后，发现信息有误但无法进行修改	人员信息一旦提交审核，则无法修改。若需修改人员信息，需要在信息提交审核前操作
9	考试通过但没有显示考试成绩	在"安全风险管控监督平台"准入考试的考试成绩查询中，输入人员名称、身份证号及考场名称进行查询
10	人员准入但人脸识别错误	需要确认人脸识别的周围环境光线充足，能完整、清晰的录入。确认上传的证件照是否符合清晰、免冠头像、露出眉毛和眼睛、无逆光、无过度美颜、纵向正脸、背景简单、面部光照强度适中、明暗均匀的要求
11	人员打卡时显示人脸未入库	在信息库中将人脸信息重新进行录入

续表

序号	问题描述	解决措施
12	人员准入类型与实际打卡不一致,准入类型为技工,但打卡时显示辅工	确认是否按照材料清单上传相应的人员资质,如需承揽其他业务,则需要根据人员类型资质清单,增传相应资质证书
13	人员提交审核后在待审核栏无法查询该人员	先确认人员查询的信息是否输入正确,其次确认人员资质是否已经在审核中,如果正在审核中可选择不同的审核状态进行查询
14	上传人员资质证书图片时,怎么同时选择多张图片上传	选择图片后按住"Ctrl"键,再点击其他图片,可同时选择多张图片上传
15	资质证书过期后,新增资质无法成功生效	资质证书过期,需要先删除原有过期资质,再重新新增维护新的资质方才有效

第四章

安全准入考试

安全效益

安全就是效益，没有安全，效益就会归零。工作中如果忽视安全甚至罔顾安全，会带来难以挽回的损失。要将安全融入生产的全过程，布置一切工作、安排所有计划、调配任何资源，都必须在保证安全的前提下进行。

第一节　考试要求

　　所有准入人员均需通过准入考试，考试分为线上、线下两种模式。线上考试在风险监督App端进行，考试题库由省公司安监部统一组织编制，成绩自动同步至平台人员信息库。线下考试由各单位自行组织，考试结束后需在风险监督平台录入考试结果并上传试卷照片。

　　各单位原则上应采用"线下集中＋线上考试"模式组织考试，保证考场绑定球机，人员准入考试专业应与现场实际从事专业保持一致。

　　人员资信审核与准入考试可同步进行，所有作业人员资信审核和准入考试通过后，方可准许其参与现场作业，各单位可在风险监督平台查询人员准入结果。

第二节　考试流程

　　准入考试流程如图4-1所示。

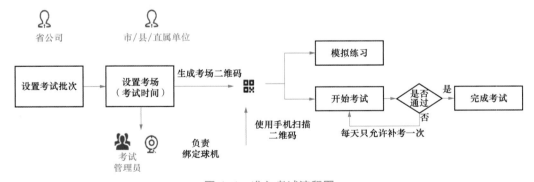

图 4-1　准入考试流程图

第三节 操作步骤

一、考试计划管理

1. 登录系统

在浏览器中输入 http://10.138.238.17:20020/supervision/index.ht ml，进入风险监督平台（互联网大区）系统，如图4-2所示。

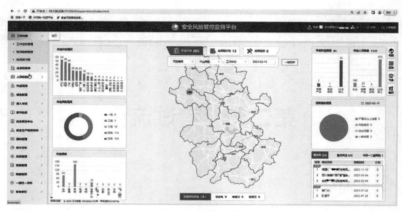

图 4-2 登录界面

2. 新增考场

（1）菜单导航：考试计划管理→新增，点击【新增】按钮进入新增考场页面，如图4-3所示。

图 4-3 新增考场界面

进入新增考场界面，填写考场名称、考试地点、考试名称、开始时间、结束时间、考试人数、监考人员、是否绑定球机，如图4-4所示。

图4-4 选择考试机构界面

（2）考场名称：由单位名称＋考场序号组成。如果在市公司考试，第二个字段不用选择，如果在县公司进行考试；要选择考场所在的单位名称。考场序号由系统自动生成。

（3）考试地点：填写实际的考试地点，例如XX楼XX号，考试名称由系统自动生成，如图4-5所示。

图4-5 考试地点填写界面

（4）考试时间：选择实际考试开始时间，结束时间由系统自动生成（考试总时长为1小时），如图4-6所示。

（5）考试人数：填写实际参加本次考试的人数，如图4-7所示。

（6）监考人员：点击"监考人员"栏中的十，搜索并添加监考人员，如图4-8所示。

（7）是否绑定球机：选择"是"并按要求绑定球机，如图4-9所示。

（8）是否模拟考试：选择"是"或"否"，填写完成后点击【保存】按钮，完成考试计划新增，如图4-10所示。

图4-6　选择考试开始时间界面

图4-7　考试人数填写界面

图 4-8　选择添加监考人员界面

图 4-9　绑定球机界面

图 4-10　选择是否模拟考试界面

3. 修改考场信息

在"考试计划管理"界面勾选需要修改的考试计划，点击【修改】按钮，进入修改界面，如图4-11所示。考场名称、考试名称由系统自动生成，不可修改，已经发布的考试计划也不能进行修改。

图4-11　考试计划修改界面

4. 发布考试计划

在"考试计划管理"界面勾选需要发布的考试计划，点击【发布】按钮将考试计划进行发布，如图4-12所示。发布完成后，找到考场的二维码，下载并保存，后续参考学员可扫该二维码进行考试，如图4-13所示。

图4-12　考试计划发布界面

图 4-13　考场二维码界面

5. 删除考试计划

在"考试计划管理"界面勾选考试计划，点击【删除】按钮删除考试计划，如图4-14所示。

图 4-14　考试计划删除界面

6. 导出考试计划

在"考试计划管理"界面点击【导出】按钮，将所有的考试计划信息导出来，如图4-15所示。

图 4-15　考试计划导出界面

二、考生信息完善

1. 扫码下载

参考人员提前扫码下载，如图4-16所示，根据提示完成安装。打开安全风险管控监督平台，点击右上角的准入考试图标，如图4-17所示。

上述方式若出现下载卡顿、无法下载、安装包损坏的情况，可联系单位准入的负责人。安装App需安卓6.0以上版本，苹果手机需检查手机版本，需更新至IOS13版本以上。

点击准入考试图标后进入安全考试页面，输入手机号和短信验证码进行登录，如图4-18所示。

图 4-16　下载二维码

图 4-17　安全风险管控监督平台登录界面　　　图 4-18　安全准入考试登录界面

2. 上传照片

登录后点击"+"图标，上传身份证照片，可以选择保存在手机中的照片，也可以现场拍照上传，如图4-19所示。

上传大头照片时可以选择保存在手机中的照片，也可以现场拍照上传，如图4-20所示。

成功上传完身份证照片和大头照片后，系统会显示"人脸信息核验通过"的提示，表示已经通过人脸信息核验，如图4-21所示。

3. 填写信息

人脸信息核验通过后，填写人员性质、专业类别、人员年龄等必填项，最高学历、人员性别、工作时间、技术职称、技能职称、信息变动情况等为非必填项，可不填，如图4-22所示。每人最多选择3个从事专业，所选专业与考试题库相关，多专业人员试卷由所选专业题库混合组卷。

填写完成后，点击【确认提交并返回】按钮，完成信息填写并进入准入考试界面。

图4-19　上传身份证照片界面

图4-20　上传大头照片界面

图4-21　人脸信息核验通过界面

图4-22　人员信息填写界面

三、试题练习

点击【试题练习】按钮，进入试题练习界面，如图4-23所示。

图 4-23　试题练习界面

进入模拟测试，点击【开始练习】进行测试答题，如图 4-24 所示。

图 4-24　测试练习开始界面

练习题从所选专业题库中随机出题，与正式考试题库一致。每答完一题就会显示该题的答案，如图4-25所示。

答完所有测试题，点击【完成练习】按钮，会出现本次答题的信息，包括分数、答对的题量、答错的题量以及用时。点击【结束】按钮，即可结束本次模拟测试，如图4-26所示。

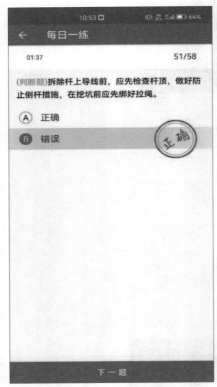
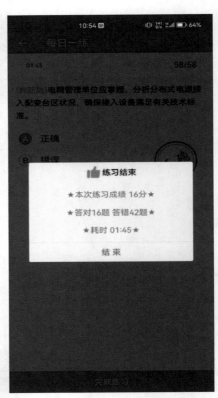

图4-25　每日一练答题界面　　　　　图4-26　每日一练结束界面

四、正式考试

1. 扫码考试

进入安全考试的界面，点击右上角的【扫码考试】按钮，扫描考试管理人员发布的二维码，如图4-27所示。

扫描完成后，刷新界面，系统提示"参加考试成功"，点击"我的考试"进入考试界面，如图4-28所示。

图 4-27　扫码考试界面

图 4-28　参加考试成功界面

2. 人脸核验

开始考试前，需通过人脸核验，如图4-29所示。

图 4-29　人脸核验界面

3. 校验位置

人脸核验通过后，点击【开始考试】按钮，需校验参考人员与监考人员地理位置，如图4-30所示。核验成功之后，在监考人员确认考试开始后方可作答。

4. 考试作答

进入答题界面，考生根据题目选择相应的答案进行作答。考试时长1小时，共50道题，每题2分，共100分，下方会有【答题卡】按钮，点击答题卡可以查看已做的题、未做的题，如图4-31所示。考试过程中不要切出考试界面，切出后需要监考人员输入验证码才能继续考试。

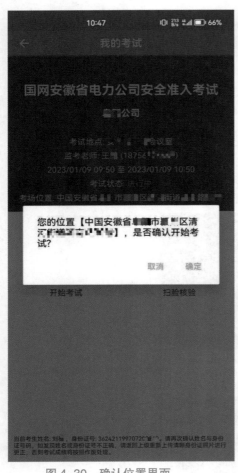

图4-30　确认位置界面

图4-31　答题卡界面

答题完成后，点击右上角的【提交试卷】按钮，再点击【交卷】按钮，完成考试提交试卷，如图4-32所示。

图 4-32　交卷界面

5. 考试 App 监控

监考人员登入风险监控平台App，进入监考页面，查看到自己监考的考场，如图4-33所示。

图 4-33　安全风险管控监督平台监考界面

点击考场信息，进入考场详情界面，点击【考场监控】按钮，进入绑定设备界面，点击右上角【绑定设备】按钮，扫码即可完成设备绑定，点击摄像头可以查看实时监控信息，未绑定球机考场无法开始考试，如图4-34所示。

图 4-34 绑定设备界面

点击【开始考试】按钮，考生即可开始进行考试，如图4-35所示。

图 4-35 开始考试状态界面

6. 考试评价、作废

在考试详情界面，点击【学员列表】按钮，进入学员列表，可以查看到当前学员的状态信息，如图4-36所示。

图 4-36　学员列表界面

可对本场考试进行评价，选择考试评价类型，并附上相关评价的照片进行佐证，最后点击【提交】按钮，如图4-37所示。

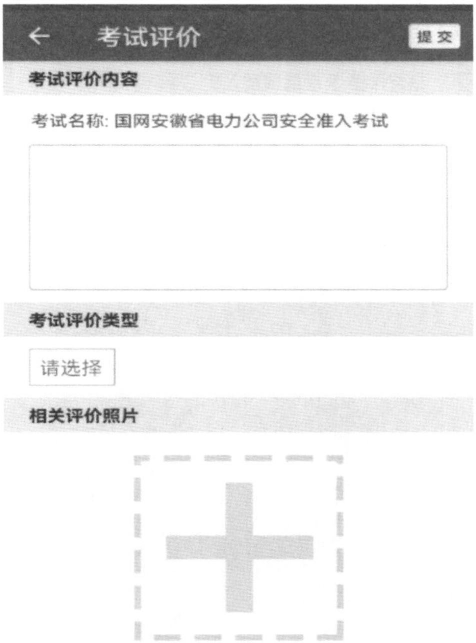

图 4-37　考试评价界面

如果发现考试过程中有考生行为异常，可以长按该考生信息，作废本次考试，如图4-38所示。

图4-38　考试成绩作废界面

7.异常处理

若考生状态显示为异常，监考老师需人工确认是否本人亲自到场参加考试，如果出现作弊等异常情况，可长按该考生记录，删除考试成绩，如图4-39所示。作弊人员当天不允许再次参加考试。

图 4-39　异常审核界面

8. 考场实时监控

各级安全管控中心在风险监督平台（外网端），在准入考试→考场实时监控界面可以查看正在进行考试的考场实时监控画面，如图4-40所示。

图 4-40　安全风险管控监督平台实时监考界面

9. 考试成绩查询

考试完成之后，参考人员可以在App端即时查看考试成绩，线上普考达到90分合格，如图4-41所示。

图 4-41　安全风险管控监督平台考试成绩查询入口

　　各级安全管控中心可以通过考试成绩查询界面查询本单位组织的考试情况，并点击【导出】按钮导出考试成绩，点击【重置推送】按钮可以将考试成绩重新推送至内网，如图4-42所示。

图 4-42　考试成绩查询界面

10. 补考

　　考试成绩不足90分判定为不合格，每人每天只能参加一次考试，如考试不通过，当天不能再次考试。

第五章
准入考试模拟卷
（12个专业36个子项，36套题模拟题）

共享平安

安全是个人、家庭、企业和社会共同追求的目标，"安全你我他、安全为大家"。共建共治共享安全，打造"人人参与、人人享有、惠及各方"的安全利益共同体，推动广大干部员工知安全、讲安全、抓安全，营造"同心同向、守望相助"的和谐氛围，实现个人、家庭、企业和社会共享安全。

第一节　管理人员准入考试模拟卷

一、管理人员（党政工团）

管理人员（党政工团）模拟题
（50题，单选20题，多选10题，判断20题）

一、单选题（20题，每题2分，共40分）

1. 生产经营单位制定或修改关于安全生产规章制度，应当听取（　　）意见。

A. 员工　　　　　　B. 工会　　　　　　C. 团委　　　　　　D. 政府

2.《中华人民共和国安全生产法》立法目的是为了加强（　　），防止和减少生产安全事故，保障人民群众生命和财产安全，促进经济社会持续健康发展。

A. 安全生产工作　　　　　　　　B. 安全生产监督管理

C. 处罚力度　　　　　　　　　　D. 安全生产

3. 生产经营单位的（　　）对本单位的安全生产工作全面负责。

A. 投资人　　　　　　　　　　　B. 主要负责人

C. 安全管理人员　　　　　　　　D. 受益人

4. 发生生产安全责任事故，除了应当查明事故单位责任并依法予以追究外，还应当对有失职、失职行为，追究（　　）。

A. 刑事责任　　　　B. 连带责任　　　　C. 法律责任　　　　D. 同等责任

5. 生产经营单位应在有较大危险因素场合和关键设施、设备上，设立明显（　　）标志。

A. 安全警示　　　　B. 安全防护　　　　C. 应急处置　　　　D. 程序流程

6. 生产经营单位对承包单位承租单位安全生产工作实行（　　）管理。

A. 全面负责　　　　　　　　　　B. 间接负责

C. 统一协调　　　　　　　　　　D. 委托注册安全工程师

7. 安全设备设计、制造、安装、使用、检测、维修、改造和报废，应符合（　　）。

A. 设备工艺规定　　B. 国家或行业原则　C. 公司管理规定　　D. 以上均不对

8.《中华人民共和国安全生产法》规定，单位应对（　　）登记建档，定期检测、评估、监控，并制定应急预案。

A. 危险物品　　　　　　　　　　　B. 普通危险源

C. 重大危险源　　　　　　　　　　D. 所有危险源和危险物品

9. 建设项目安全评价是建设项目（　　）阶段安全设计和建设项目安全管理、监察的重要根据。

A. 过程实行　　　　B. 竣工验收　　　　C. 可行性研究　　　　D. 初步设计

10. 公司必须依法参加（　　），为从业人员缴纳保险费。

A. 工伤保险　　　　　　　　　　　B. 城乡医疗

C. 社会保险　　　　　　　　　　　D. 安全生产责任险

11. 安全生产工作应当以人为本，坚持安全发展，坚持安全第一、防止为主、综合治理方针，强化和贯彻生产经营单位主体责任，建立（　　）机制。

A. 生产经营单位参加、职工参加、政府监督、社会监管

B. 生产经营单位负责、职工参加、政府监管、行业自律和社会监督

C. 生产经营单位负责、职工参加、行业自律、社会监督

D. 生产经营单位参加、职工参加、政府监管、行业自律和社会监督

12. 生产经营单位必须遵守《中华人民共和国安全生产法》，加强安全生产管理，改进安全生产条件，推动（　　）建设，提高安全生产水平。

A. 安全生产标准化、信息化　　　　B. 安全生产责任制

C. 安全生产"三基"工作　　　　　　D. 安全生产规章制度

13. 因紧急抢修、防止事故扩大以及疏导交通等，需要变动现场，必须经单位（　　）同意，并做出标志、绘制现场简图、写出书面记录，保存必要的痕迹、物证。

A. 有关领导　　　　　　　　　　　B. 安监部门

C. 有关领导和安监部门　　　　　　D. 其他部门

14. 根据《中华人民共和国网络安全法》的规定，国家实行网络安全（　　）保护制度。

A. 等级　　　　B. 行政级别　　　　C. 分层　　　　D. 结构

15. 国家支持网络运营者之间在网络安全信息（　　）等方面进行合作，提高网络运营者的安全保障能力。

A. 发布、收集、分析和事故处理　　B. 收集、分析、管理和应急处置

C. 收集、分析、通报和应急处置　　D. 审计、转发、处置和事故处理

16. 事故的责任分为主要责任、次要责任、（　　　）。

A. 重大责任　　　　B. 一般责任　　　　C. 同等责任　　　　D. 普通责任

17.《国家电网有限公司安全事故调查规程》规定了工作人员在（　　　）应遵守的安全要求。

A. 检修现场　　　　B. 运维现场　　　　C. 作业现场　　　　D. 抢修现场

18.（　　　）是指各级领导、管理人员不履行岗位安全职责，不落实安全管理要求，不健全安全规章制度，不执行安全规章制度等的各种不安全作为。

A. 管理违章　　　　B. 行为违章　　　　C. 装置违章　　　　D. 作业违章

19. 操作人员在开机前，检查（　　　）是否处于正常。

A. 设备各重要部位　B. 电源线　　　　C. 指示灯　　　　D. 接地

20.（　　　）、专责监护人应始终在工作现场，对工作班人员的安全认真监护，及时纠正不安全的行为。

A. 工作负责人　　　B. 工作许可人　　　C. 工作票签发人　　D. 安监人员

二、多选题（10题，每题2分，共20分）

1. 各类作业人员在发现直接危及人身、电网和设备安全的紧急情况时，有权（　　　），并立即报告。

A. 停止作业

B. 在采取可能的紧急措施后撤离作业场所

C. 结束工作票

D. 立即离开作业现场

2. 倒闸操作的设备应具有明显的标志，包括（　　　）、切换位置的指示及设备相色等。

A. 名称　　　　　　B. 编号　　　　　　C. 分合指示　　　　D. 旋转方向

3. 设备双重名称即设备（　　　）。

A. 名称　　　　　　B. 状态　　　　　　C. 称号　　　　　　D. 编号

4. 国家支持网络运营者之间在网络安全信息（　　　）等方面进行合作，提高网络运营者的安全保障能力。

A. 分析　　　　　　B. 通报　　　　　　C. 应急处置　　　　D. 收集

5. 各类作业人员有权拒绝（　　　）。

A. 违章指挥　　　　B. 强令冒险作业　　C. 危险作业　　　　D. 有害工作

6. 安全事故体系由（　　　）类事故构成。

A. 人身　　　　　　B. 电网　　　　　　C. 设备　　　　　　D. 信息系统

7. 遇有（　　　）时，不准进行起重工作。

A. 指挥人员看不清各工作地点　　　　B. 大雾

C. 起重机操作人员未获得有效指挥　　D. 照明不足

8.《中华人民共和国网络安全法》所称网络，是指由计算机或者其他信息终端及相关设备组成的按照一定的规则和程序对信息进行（　　　）的系统。

A. 存储　　　　　　B. 传输、交换　　　C. 处理　　　　　　D. 收集

9. 心肺复苏术操作是否正确，主要靠平时严格训练，掌握正确的方法。而在急救中判断复苏是否有效，可以根据（　　　）、出现自主呼吸几方面综合考虑。

A. 瞳孔　　　　　　B. 面色（口唇）　　C. 颈动脉搏动　　　D. 神志

10. 根据《中华人民共和国网络安全法》的规定，任何个人和组织（　　　）。

A. 不得从事非法侵入他人网络、干扰他人网络正常功能等危害网络安全的活动

B. 不得提供专门用于从事侵入网络、干扰网络正常功能等危害网络安全活动的程序

C. 明知他人从事危害网络安全的活动的，不得为其提供技术支持

D. 明知他人从事危害网络安全的活动的，可以为其进行广告推广

三、判断题（对的打"√"，错的打"×"，20题，每题2分，共40分）

1. 雷电时，可以在线路杆塔上作业。（　　　）

2. 危险驾驶罪为抽象危险犯罪，只要醉酒驾驶，即构成犯罪。（　　　）

3. 用户变、配电站的工作许可人应是持有效证书的高压电气工作人员。（　　　）

4. 运输气瓶的车厢可以载人。（　　　）

5. 安全色是为了使人们对周围存在不安全因素的环境、设备引起注意，需要涂以醒目的安全色，提高人们对不安全因素的警惕。（　　　）

6. 工会有权依法参与事故调查，并提出处理意见，要求追究有关人员的责任。（　　　）

7. 同一架梯子可允许多人在上面工作，但不准带人移动梯子。（　　　）

8. 电杆架设必须把电杆周围土地夯实。（　　　）

9. 违章指挥是指管理人员由于业务不精、麻痹大意、擅自作主或受利益驱动等原因导致违反企业规章制度指挥他人从事生产工作的行为。（　　　）

10. 生产经营单位爆破、动火、吊装等危险作业，应安排专门人员现场安全管理。（　　）

11. 单人巡线时，可以攀登电杆和铁塔。（　　）

12. 汛期、暑天、雪天等恶劣天气巡线，必要时可由一人进行。（　　）

13. 电缆耐压试验时应保持安全距离，人员不可靠近。（　　）

14. 职业健康检查的对象是指为单位从事接触职业病危害因素作业或对健康有特殊要求的作业人员。（　　）

15. 在生产或施工作业区域内临时性的、缺乏程序规定的非常规作业都应办理作业许可。（　　）

16. 根据《中华人民共和国网络安全法》的规定，大众传播媒介应当有针对性地面向社会进行网络安全宣传教育。（　　）

17. 过期或者没有通过安全检测的安全帽一样可以使用。（　　）

18. 工作间断，工作班离开工作地点，若接地线拆除，恢复工作前应重新验电、装设接地线。（　　）

19. 生产经营单位使用被派遣劳动者的，不必对被派遣劳动者进行岗位安全操作规程和安全操作技能的教育和培训。（　　）

20. 事故发生后迟报、漏报、瞒报、谎报或在调查中弄虚作假、隐瞒真相的，应从严处理。（　　）

【参考答案】
一、单选题
1.B　2.A　3.B　4.C　5.A　6.C　7.B　8.C　9.C　10.A　11.B　12.A　13.C　14.A　15.C　16.C　17.C　18.A　19.A　20.A

二、多选题
1.AB　2.ABCD　3.AD　4.ABCD　5.AB　6.ABCD　7.ABCD　8.ABCD　9.ABCD　10.ABCD

三、判断题
1.×　2.√　3.√　4.×　5.√　6.√　7.×　8.√　9.√　10.√　11.×　12.×　13.√　14.√　15.√　16.√　17.×　18.√　19.×　20.√

二、项目其他管理

项目其他管理专业模拟题
（50题，单选20题，多选10题，判断20题）

一、单选题（20题，每题2分，共40分）

1.《中华人民共和国建筑法》规定，在建筑物的合理使用寿命内，因建筑工程质量不合格受到损害的，（　　）向责任者要求赔偿。

A. 有权　　　　　　B. 无权　　　　　　C. 可以　　　　　　D 不可以

2.《中华人民共和国安全生产法》适用于（　　）。

A. 我国境内从事生产活动的工矿企业的安全生产

B. 我国境内从事经营活动的工矿企业的安全生产

C. 我国境内从事生产经营活动的单位的安全生产

D. 我国境内从事生产活动的企业的安全生产

3.《中华人民共和国安全生产法》规定，安全生产管理，坚持（　　）的方针。

A. 安全第一、预防为主、综合治理

B. 安全生产只能加强，不能削弱

C. 安全生产重于泰山

D. 隐患险于明火，预防重于救灾

4.《中华人民共和国建筑法》规定，建筑施工企业转让、出借资质证书或者以其他方式允许他人以本企业的名义承揽工程的，责令改正，没收违法所得，并处罚款，可以（　　），降低资质等级；情节严重的，吊销资质证书。

A. 罚款　　　　　　　　　　　　B. 责令停业整顿

C. 吊销资质证书　　　　　　　　D. 追究刑事责任

5.《中华人民共和国安全生产法》规定，（　　）依法组织职工参加本单位安全生产工作的民主管理和民主监督，维护职工在安全生产方面的合法权益。

A. 董事会　　　　　　　　　　　B. 工会

C. 法定代表人　　　　　　　　　D. 安全生产主要负责人

6.《中华人民共和国安全生产法》规定，生产经营单位应当对从业人员进行安全生产教育和培训，保证从业人员具备必要的安全生产知识、熟悉相关的（　　）。

A. 安全生产法律

B. 安全生产法律、法规、规章制度和操作规程

C. 安全生产法规

D. 安全生产规章制度和操作规程

7.《中华人民共和国建筑法》规定，建筑工程发包与承包的招标投标活动，应当遵循（　　）的原则，择优选择承包单位。

A. 公开、公正、平等竞争　　　　　　B. 公开、公正、公平

C. 严谨、求实、平等竞争　　　　　　D. 公开、公正、严谨

8.《中华人民共和国建筑法》规定，建筑工程实行招标发包的，发包单位应当将建筑工程发包给依法中标的承包单位。建筑工程实行直接发包的，发包单位应当将建筑工程发包给具有（　　）条件的承包单位。

A. 一般资质　　　　B. 较高资质　　　　C. 相同资质　　　　D. 相应资质

9.《中华人民共和国安全生产法》规定，生产经营单位应当为从业人员提供（　　）的作业场所和安全防护措施。

A. 一定　　　　　　　　　　　　　　B. 指定

C. 符合安全生产要求　　　　　　　　D. 优良

10.《中华人民共和国建筑法》规定，在工程发包与承包中索贿、受贿、行贿，构成犯罪的，依法追究刑事责任；不构成犯罪的，分别处以罚款，没收贿赂的财物，对（　　）和其他直接责任人员给予处分。

A. 主要负责人　　　　　　　　　　　B. 分管负责人

C. 直接负责的主管人员　　　　　　　D. 有关人员

11. 工程现场安全文明施工设施进场验收由（　　）组织。

A. 业主项目部　　　　　　　　　　　B. 监理项目部

C. 施工项目部　　　　　　　　　　　D. 建设管理单位

12.《中华人民共和国建筑法》规定，建筑施工企业的（　　）对本企业的安全生产负责。

A. 安全管理人员　　　B. 安全负责人　　　C. 法定代表人　　　D. 全体人员

13. 施工作业 B 票经项目部技术员和安全员审核，由（　　）签发。

A. 施工项目总工程师　　　　　　　　B. 施工项目经理

C. 施工企业技术负责人　　　　　　　D. 施工企业安全负责人

14.《中华人民共和国安全生产法》规定，安全生产监督管理职责的部门依法对生产经营单位执行检查，对发现的安全生产违法行为，当场予以纠正或者要

求（　　　）。

    A. 限期改正   B. 及时整改   C. 改正   D. 整改

15. 业主项目部、监理项目部、施工项目部（　　　）至少召开一次安全工作例会。

    A. 每周   B. 每月   C. 每季度   D. 每年

16.《国家电网公司关于印发"深化基建队伍改革、强化施工安全管理"有关配套政策的通知》规定，组塔、架线作业层班组的骨干人员必须满足最低配置标准，组塔作业层骨干包括班长兼指挥、安全员和（　　　）。

    A. 技术员   B. 资料员   C. 质检员   D. 技术兼质检员

17.《中华人民共和国安全生产法》规定，负有安全生产监督管理职责的部门对涉及安全生产的事项进行审查、验收，（　　　）费用。

    A. 收取一定   B. 不得收取   C. 交纳   D. 提交

18. 建设管理单位负责组建工程项目应急工作组，（　　　）负责组建现场应急救援队伍。

    A. 业主项目部   B. 监理项目部   C. 施工项目部   D. 建设管理单位

19.《国家电网公司关于印发"深化基建队伍改革、强化施工安全管理"有关配套政策的通知》规定，将核心劳务分包人员纳入施工单位"四统一"管理。"四统一"是指统一管理、统一培训、统一管控和（　　　）。

    A. 统一服装   B. 统一考核   C. 统一指挥   D. 统一食宿

20. 加强电力安全监管能力建设，充实安全监督管理力量，建立安全监管人员（　　　）机制，按规定配备安全监管执法装备及现场执法车辆，建立电力安全专家库，完善安全监管执法支撑体系。

    A. 定期培训轮训   B. 定期巡查   C. 不定期巡查   D. 定期检查

二、多选题（10题，每题2分，共20分）

1. 工作许可手续完成后，工作负责人、专责监护人应向工作班成员交待（　　　）、进行危险点告知，并履行确认手续，装完工作接地线后，工作班方可开始工作。

    A. 现场安全措施   B. 工作内容   C. 人员分工   D. 带电部位

2. 运用中的电气设备，系指（　　　）的电气设备。

    A. 全部带有电压   B. 一部分带有电压

    C. 一经操作即带有电压   D. 检修中

3. 在风力 5 级及以上、雨雪天，焊接或切割应采取（　　　）的措施。

A. 防风　　　　　　B. 防雨雪　　　　　C. 特殊安全　　　　D 防范周密

4.《中华人民共和国安全生产法》规定，生产经营单位的主要负责人对本单位安全生产工作负有的职责有（　　　）。

A. 组织制订并实施本单位安全生产教育和培训计划

B. 组织制订并实施本单位的生产安全事故应急救援预案

C. 及时、如实报告生产安全事故

D. 组织或者参与本单位应急救援演练

5. 企业要研究制定重特大事故风险管控措施，根据作业场所、（　　　）及人员能力等，认真辨识风险及危害程度，合理确定作业定员、时间等组织方案，实行分级管控，落实分级管控责任。

A. 作业内容　　　　B. 任务　　　　　　C. 环境　　　　　　D. 强度

6.《中华人民共和国安全生产法》规定，生产经营单位不得因安全生产管理人员依法履行职责而（　　　）等待遇或者解除与其订立的劳动合同。

A. 降低其工资　　　B. 福利　　　　　　C. 提高工资　　　　D. 减少福利

7. 根据《国家电网有限公司基建安全管理规定》，下列关于施工项目部管理职责说法正确的是（　　　）。

A. 开展应急教育培训和应急演练

B. 按规定配备专职安全管理人员

C. 组织开展安全教育培训

D. 完善安全技术交底和施工队班前站班会机制

8.《中华人民共和国安全生产法》规定，建设项目安全设施的（　　　）、设计单位应当对安全设施（　　　）负责。

A. 设计人　　　　　B. 主要负责人　　　C. 管理　　　　　　D. 设计

9. 根据《国家电网有限公司基建安全管理规定》，下列关于施工企业施工管理部门职责说法正确的是（　　　）。

A. 编制实现公司年度安全工作目标的具体要求和措施

B. 协助本企业技术负责人组织安全教育培训

C. 组织协调现场总平面的规划、布置

D. 负责项目安全文明施工标准化管理

10.《中华人民共和国安全生产法》规定，生产经营单位不得将生产经营项目、场所、设备发包或者出租给（　　　）。

    A. 不具备安全生产条件的单位　　　　　B. 不具备相应资质的个人

    C.A 或者 B　　　　　　　　　　　　　D.A 和 B

三、判断题（对的打"√"，错的打"×"，20题，每题2分，共40分）

1. 事故紧急抢修工作，指电气设备发生故障被迫紧急停止运行，需按计划恢复的抢修和排除故障的工作。（　　　）

2. 新参加电气工作的人员、实习人员和临时参加劳动的人员（管理人员、非全日制用工等），应经过安全知识教育后，方可到现场单独工作。（　　　）

3. 装卸电杆等笨重物件应采取措施，防止散堆伤人。（　　　）

4. 经本单位批准允许单独巡视高压设备的人员巡视高压设备时，如果确因工作需要，可临时移开或越过遮栏，事后应立即恢复。（　　　）

5.《中华人民共和国安全生产法》规定，从业人员超过300人的，应当设置安全生产管理机构或者配备专职安全生产管理人员。（　　　）

6.《中华人民共和国安全生产法》规定，从业人员在100人以下的，配备兼职的安全生产管理人员。（　　　）

7.《中华人民共和国建筑法》规定，承包建筑工程的单位应当持有依法取得的资质证书，可超出其资质等级许可的业务范围内承揽工程。（　　　）

8.《中华人民共和国安全生产法》规定，安全设施投资不得纳入工程项目概算。（　　　）

9.《中华人民共和国建筑法》规定，建筑工程安全生产管理必须坚持质量第一、预防为主的方针，建立健全安全生产的责任制度和群防群治制度。（　　　）

10.《中华人民共和国建筑法》规定，建设单位不得以任何理由，要求建筑设计单位或者建筑施工企业在工程设计或者施工作业中违反法律、行政法规和建筑工程质量、安全标准，降低工程质量。（　　　）

11.《中华人民共和国建筑法》规定，在建的建筑工程因故中止施工的，建设单位应当自中止施工之日起一个月内，向发证机关报告，并按照规定做好建筑工程的维护管理工作。（　　　）

12.《中华人民共和国安全生产法》规定，在生产、经营、储存、使用危险物品的车间或者仓库的建筑物内，可以设置员工宿舍。（　　　）

13.《中华人民共和国建筑法》规定，建筑设计单位对设计文件选用的建筑材料、

建筑构配件和设备，可以指定生产厂、供应商。（   ）

14.《中华人民共和国安全生产法》规定，负有安全生产监督管理职责的部门对涉及安全生产的事项进行审查、验收，应收取一定数量的费用。（   ）

15.《中华人民共和国建筑法》规定，工程监理单位与被监理工程的承包单位以及建筑材料、建筑构配件和设备供应单位可以有隶属关系或者其他利害关系。（   ）

16.《中华人民共和国安全生产法》规定，作为个人，可以不支持配合事故抢救，不用提供便利条件。（   ）

17.《中华人民共和国安全生产法》规定，新闻、出版、广播、电影、电视等单位进行安全生产公益宣传教育要收取合理的费用。（   ）

18. 调度机构要科学合理安排运行方式，做好电力平衡工作。各电力企业要严格执行调度指令，做到令行禁止。（   ）

19. 企业要依法设置安全监督管理机构，有条件的企业鼓励设置安全总监，充实安全监督管理力量，支持并维护安全监督人员行使安全监督权力。（   ）

20.《中华人民共和国安全生产法》规定，生产经营单位不具备本法和其他有关法律、行政法规和国家标准或者行业标准规定的安全生产条件，经停产停业整顿仍不具备安全生产条件的，予以关闭；有关部门应当依法吊销其有关证照。（   ）

【参考答案】

一、单选题

1.A　2.C　3.A　4.B　5.B　6.D　7.A　8.D　9.C　10.C　11.A　12.B 13.B　14.A　15.B　16.D　17.B　18.C　19.B　20.A

二、多选题

1.ABCD　2.ABC　3.AB　4.ABC　5.BCD　6.AB　7.ABCD　8.AD 9.ACD　10.ABC

三、判断题

1.×　2.×　3.√　4.×　5.×　6.×　7.×　8.×　9.×　10.√　11.√　12.× 13.×　14.×　15.×　16.×　17.×　18.√　19.√　20.√

第二节　输电专业准入考试模拟卷

一、输电运维与检修

输电运维与检修专业模拟题
（50题，单选20题，多选10题，判断20题）

一、单选题（20题，每题2分，共40分）

1. 夜间巡线应沿线路（　　　）进行；大风时，巡线应沿线路（　　　）前进，以免万一触及断落的导线。

A. 外侧；上风侧　　B. 内侧；下风侧　　C. 外侧；下风侧　　D. 内侧；上风侧

2. 安全工器具经（　　　）合格后，应在不妨碍绝缘性能且醒目的部位粘贴合格证。

A. 检查　　　　　　B. 监测　　　　　　C. 试验　　　　　　D. 检验

3. 木、竹跨越架的立杆、大横杆应错开搭接，搭接长度不得小于（　　　），绑扎时（　　　）。

A.1m；小头应压在大头上　　　　　　B.1.5m；小头应压大头上

C.1m；大头应压小头上　　　　　　　D.1.5m；大头应压小头上

4. 图5-1是某线路工程基础施工现场，红线标示部分存在的违章行为是（　　　）。

图5-1

A. 施工现场无人监护　　　　　　　　B. 线基坑周围未设置围栏

C. 灌注桩基础无钢筋笼　　　　　　　D. 现场工作人员未戴安全帽

5. 线路的验电应逐相（直流线路逐极）进行。检修联络用的断路器（开关）、隔离开关（刀闸）或其组合时，应在其（　　）验电。

A. 送电侧　　　　　B. 受电侧　　　　　C. 两侧　　　　　D. 任意一侧

6. 各工作班（　　）各端和工作地段内有可能反送电的各分支线（包括用户）都应接地。

A. 作业杆塔　　　B. 工作线路　　　C. 停电线路　　　D. 工作地段

7. （　　）线路可以只在工作地点附近装设一组工作接地线。

A. 作业杆塔　　　　B. 配合停电的　　　C. 停电线路　　　D. 工作地段

8. 一回线路检修（施工），其邻近或交叉的其他电力线路需进行配合停电和接地时，应在（　　）。

A. 工作日志中记录　　　　　　　B. 交底记录中记录

C. 工作票中列入相应的注意事项　　D. 工作票中列入相应的安全措施

9. 现场勘察由工作票签发人或（　　）组织。

A. 项目经理　　　B. 工作负责人　　　C. 生产管理人员　　D. 工作许可人

10. 高压配电设备做耐压试验时应在周围设围栏，围栏上应向外悬挂适当数量的（　　）标示牌。

A. "止步，高压危险！"　　　　　B. "禁止合闸，有人工作！"

C. "禁止攀登，高压危险！"　　　D. "在此工作！"

11. 解开或恢复杆塔、配电变压器和避雷器的接地引线时，应戴（　　）。禁止直接接触与地断开的接地线。

A. 绝缘手套　　　B. 线手套　　　C. 皮手套　　　D. 棉手套

12. 非连续进行的事故修复工作，可使用（　　）。

A. 工作票　　　B. 事故紧急抢修单　C. 安全措施票　　D. 工作任务单

13. 承发包工程中，工作票（　　）。

A. 必须由设备运维单位签发　　　B. 必须由承包单位签发

C. 可实行"双签发"形式　　　　D. 必须由主管部门签发

14. 线路停电检修，工作许可人应在线路可能受电的各方面（含变电站、发电厂、环网线路、分支线路、用户线路和配合停电的线路）都已停电，并挂好（　　）后，方能发出许可工作的命令。

A. 安全警示牌　　　B. 工作接地线　　　C. 个人保安线　　　D. 操作接地线

15. 工作票一份交工作负责人，另一份留存工作票签发人或工作许可人处。工作票应在（　　　）交给工作负责人。

　　A. 工作时　　　　　B. 提前　　　　　C. 开工前　　　　　D. 许可时

16. 带电线路导线的垂直距离（导线弧垂、交叉跨越距离），可用（　　　）测量。

　　A. 皮尺　　　　　　　　　　　　B. 钢卷尺

　　C. 测量仪或使用绝缘测量工具　　D. 绳索

17. 一张工作票中，工作票签发人和工作许可人（　　　）工作负责人。

　　A. 可以兼任　　　B. 不得兼任　　　C. 必要时兼任　　　D. 经批准可兼任

18. 电缆试验结束，应对被试电缆进行（　　　），并在被试电缆上加装临时接地线，待电缆尾线接通后才可拆除。

　　A. 短路　　　　　B. 开路　　　　　C. 接地　　　　　D. 充分放电

19. 检修及基建单位的（　　　）应事先送有关设备运维管理单位、调度控制中心备案。

　　A. 工作许可人名单　　　　　　　B. 工作票签发人、工作负责人名单

　　C. 单位人员名单　　　　　　　　D. 工作班成员名单

20. 在户外变电站和高压室内搬动梯子、管子等长物，应（　　　），并与带电部分保持足够的安全距离。

　　A. 两人放倒搬运　　B. 两人直立搬运　　C. 两人搬运　　D. 一人搬运

二、多选题（10 题，每题 2 分，共 20 分）

1. 杆塔工频接地电阻的测量仪器分为（　　　）。

　　A. 按照三极法测量的接地电阻测试仪

　　B. 按照钳表法测量的钳形接地电阻测试仪

　　C. 在线接地电阻测试仪

　　D. 按照四极法测量的钳形接地电阻测试仪

2. 下列金具缺陷描述中，（　　　）属于一般缺陷。

　　A. 悬垂线夹船体锌层损失，内部开始锈蚀

　　B. 耐张线夹螺栓脱落

　　C. 悬垂线夹船体有烧伤痕迹

　　D.U 型挂环缺螺母

3. 电力线路第二种工作票，对（　　　）工作，可在数条线路上共用一张工作票。

　　A. 同一班组　　　B. 同一电压等级　　C. 同类型　　　　D. 相同安全措施

4.电力线路是指在系统两点间用于（　　　）的导线、绝缘材料和附件组成的设施。

A.输电　　　　　　　B.变电　　　　　　　C.配电　　　　　　　D.发电

5.图5-2为某线路工程导、地线架设施工现场，红线标示部分存在的违章行为有（　　　）。

图 5-2

A.地脚螺栓未进行双帽紧固

B.未配备地脚螺栓垫片

C.钢管杆底部与基础顶面不贴合，未采取灌浆填实处理

D.地脚螺栓锚固未达到3丝

6.完工后，工作负责人（包括小组负责人）应检查线路检修地段的状况，确认在（　　　）没有遗留的个人保安线、工具、材料等，查明全部作业人员确由杆塔上撤下后，再命令拆除工作地段所挂的接地线。

A.杆塔上　　　　　　　　　　　　B.导线上

C.绝缘子串上　　　　　　　　　　D.其他辅助设备上

7.利用已有杆塔立、撤杆，应先检查（　　　），必要时增设临时拉线或其他补强措施。

A.杆塔根部　　　　B.拉线的强度　　　　C.杆塔的强度　　　　D.工作环境

8.在下水道、煤气管线、潮湿地、垃圾堆或有腐质物等附近挖沟（槽），在挖深超过2m的沟（槽）内工作时，应采取安全措施，如（　　　）等。

A.戴防毒面具　　　　B.向坑中送风　　　　C.持续检测　　　　D.设警示牌

9.安全警示标志一般由（　　　）构成。

A.安全色　　　　　　B.几何图形　　　　　C.图形符号　　　　D.以上均不是

10.安全帽使用前，应检查帽壳、（　　　）等附件完好无损。使用时，应将下颏带系好，防止工作中前倾后仰或其他原因造成滑落。

A. 帽衬　　　　　　　B. 帽箍　　　　　　　C. 顶衬　　　　　　　D. 下颏带

三、判断题（对的打"√"，错的打"×"，20题，每题2分，共40分）

1. 正常巡视应穿绝缘鞋。（　　　）

2. 图5-3所示的施工作业现场符合拉线设置要求。（　　　）

图5-3

3. 图5-4所示的准入人员不能进行登高作业。（　　　）

图5-4

4. 图5-5中钢丝绳（Φ14）插接长度符合要求。（　　　）

图5-5

5. 图 5-6 中在施工过程中机动绞磨卷筒或磨芯上缠绕钢丝绳的圈数能够满足安全要求。（　　　）

图 5-6

6. 梯子可绑接使用。人字梯应有限制开度的措施。（　　　）

7. 人在梯子上时，禁止移动梯子。（　　　）

8. 安全带和专作固定安全带的绳索在使用前应进行外观检查。（　　　）

9. 在杆塔或横担接地通道良好的条件下，个人保安线接地端允许接在杆塔或横担上。（　　　）

10. 卡线器的规格、材质应与线材的规格、材质相匹配。（　　　）

11. 钢丝绳接头可以通过滑轮及卷筒。（　　　）

12. 一个工作负责人不能同时持有多张工作票。（　　　）

13. 切断绳索时，应先将预定切断的两边用软钢丝扎结，以免切断后绳索松散，断头应编结处理。（　　　）

14. 装设接地线时，应先接导线端，后接接地端，接地线应接触良好、连接应可靠。拆接地线的顺序与此相反。（　　　）

15. 验电前，应先按验电器的自检按钮，发出声光信号，即可确认验电器良好。（　　　）

16. 高压配电设备做耐压试验时，工作人员在征得工作负责人同意后可移动或拆除围栏和标示牌。（　　　）

17. 起吊物件应绑扎牢固，若物件有棱角或特别光滑的部位时，在棱角和滑面与绳索（吊带）接触处应加以包垫。（　　　）

18. 使用火花间隙检测器带电检测绝缘子，应在干燥天气进行。（　　　）

19. 单人巡线时，可以攀登电杆和铁塔。（　　　）

20. 线路验电时应戴绝缘手套。（　　　）

【参考答案】

一、单选题

1.A　2.C　3.B　4.B　5.C　6.D　7.B　8.D　9.B　10.A　11.A　12.A　13.C　14.D　15.B　16.C　17.B　18.D　19.B　20.A

二、多选题

1.AB　2.AC　3.BC　4.AC　5.ACD　6.ABCD　7.ABC　8.ABC　9.ABC　10.ABCD

三、判断题

1.√　2.×　3.√　4.√　5.×　6.×　7.√　8.√　9.√　10.√　11.×　12.×　13.√　14.×　15.×　16.×　17.√　18.√　19.×　20.√

二、输电带电作业

输电带电作业专业模拟题
（50题，单选20题，多选10题，判断20题）

一、单选题（20题，每题2分，共40分）

1. 停电设备的各端应有明显的断开点，若无法观察到停电设备的断开点，应有能够反映设备运行状态的（　　　）等指示。

　　A. 电气和机械　　　B. 遥信信息　　　C. 机械　　　　D. 变位

2. 在220kV带电线路杆塔上且与带电导线最小安全距离不小于3 m规定的工作应使用（　　　）。

　　A. 第一种工作票　　　　　　　　B. 第二种工作票

　　C. 带电工作票　　　　　　　　　D. 事故紧急抢修单

3. 带电作业工作票，对同一电压等级、同类型、相同安全措施且（　　　）的带电作业，可在数条线路上共用一张工作票。

　　A. 同时停用重合闸　　　　　　　B. 同时开展的工作

　　C. 同一天的工作　　　　　　　　D. 依次进行

4. 持线路或电缆工作票进入变电站或发电厂升压站进行架空线路、电缆等工作，应（　　　），由变电站或发电厂工作许可人许可，并留存。

　　A. 得到部门领导批准　　　　　　B. 持工作联系单

C. 得到调度工作许可　　　　　　　　　D. 增填工作票份数

5. 检查工作票所列安全措施是否正确完备，是否符合现场实际条件，必要时予以补充完善是（　　）的安全责任。

A. 工作票签发人　　　　　　　　　　　B. 工作许可人

C. 工作负责人（监护人）　　　　　　　D. 专责监护人

6. 装、拆接地线时，人体不准碰触（　　）。

A. 接地线的接地端　　　　　　　　　　B. 接地线和未接地的导线

C. 已接地的导线　　　　　　　　　　　D. 接地通道

7. 进行线路停电作业前，应断开线路上需要操作的（　　）（含分支）断路器（开关）、隔离开关（刀闸）和熔断器。

A. 各端　　　　　　B. 两端　　　　　　C. 电源侧　　　　　　D. 受电侧

8. 在停电线路工作地段接地前，应使用（　　）验明线路确无电压。

A. 不小于相应电压等级、合格的感应式验电器

B. 相应电压等级、合格的接触式验电器

C. 相应电压等级、合格的感应式验电器

D. 不小于相应电压等级、合格的接触式验电器

9. 非连续进行的事故修复工作，可使用（　　）。

A. 工作票　　　　B. 事故紧急抢修单　C. 安全措施票　　　D. 工作任务单

10. 第一、二种工作票和带电作业工作票的有效时间，以批准的（　　）为限。

A. 工作时间　　　　B. 申请时间　　　　C. 停役时间　　　　D. 检修期

11. 工作期间，工作负责人若因故暂时离开工作现场时，应指定能胜任的人员临时代替，并告知（　　）。

A. 工作票签发人　　B. 调控值班员　　　C. 工作许可人　　　D. 工作班成员

12. 白天工作间断时，工作地点的（　　）仍保留不动。

A. 操作接地线　　　B. 工作接地线　　　C. 全部接地线　　　D. 安全警示牌

13. 已终结的工作票、事故紧急抢修单、工作任务单应保存（　　）。

A.6 个月　　　　　　B.9 个月　　　　　　C.1 年　　　　　　D.2 年

14. 在杆塔或横担接地良好的条件下装设接地线时，接地线可单独或合并后接到杆塔上，但杆塔接地电阻和（　　）应良好。

A. 接地装置　　　　B. 接地通道　　　　C. 杆塔基础　　　　D. 土壤电阻

15. 巡线人员发现导线、电缆断落地面或悬挂空中，应设法防止行人靠近断线

地点（　　）以内，以免跨步电压伤人，并迅速报告调控人员和上级，等候处理。

    A.4 m   B.6 m   C.8 m   D.10 m

16. 对同杆塔架设的多层电力线路拆除接地线时，应（　　）。

    A. 先拆低压、后拆高压，先拆上层、后拆下层，先拆近侧、后拆远侧

    B. 先拆高压、后拆低压，先拆上层、后拆下层，先拆远侧、后拆近侧

    C. 先拆低压、后拆高压，先拆下层、后拆上层，先拆近侧、后拆远侧

    D. 先拆高压、后拆低压，先拆下层、后拆上层，先拆远侧、后拆近侧

17. 工作地段如有邻近、平行、交叉跨越及同杆塔架设线路，为防止停电检修线路上感应电压伤人，在需要（　　）工作时，应使用个人保安线。

    A. 杆塔上   B. 绝缘子串上   C. 接触或接近导线   D. 架空地线上

18. 测量低压线路和配电变压器低压侧的电流时，可使用（　　）。应注意不触及其他带电部分，以防相间短路。

    A. 电压表   B. 功率表   C. 钳形电流表   D. 绝缘电阻表

19. 架空输电线路接续金具温度不应高于导线温度（　　）。

    A.5℃   B.10℃   C.15℃   D.20℃

20. 禁止作业人员擅自变更工作票中指定的接地线位置，如需变更，应由工作负责人征得（　　）同意，并在工作票上注明变更情况。

    A. 工作许可人   B. 调控值班员   C. 工作票签发人   D. 各小组负责人

二、多选题（10题，每题2分，共20分）

1. 装、拆接地线导体端均应使用（　　）。

    A. 绝缘棒   B. 绳索   C. 专用的绝缘绳   D. 抛掷方法

2. 对于土壤电阻率较高地区，如岩石、瓦砾、沙土等，采用临时接地体时，应采取增加接地体（　　）或埋地深度等措施改善接地电阻。

    A. 根数   B. 长度   C. 截面积   D. 周围土壤湿度

3. 工作地段如有（　　）线路，为防止停电检修线路上感应电压伤人，在需要接触或接近导线工作时，应使用个人保安线。

    A. 邻近   B. 平行   C. 交叉跨越   D. 同杆塔架设

4. 进行线路停电作业前，应断开（　　）配电站（所）（包括用户设备）等线路断路器（开关）和隔离开关（刀闸）。

    A. 发电厂   B. 变电站   C. 换流站   D. 开闭所

5. 工作票签发人或工作负责人对有（　　　）的工作，应增设专责监护人和确定被监护的人员。

A. 触电危险　　　　　　　　　　　　B. 多小组进行

C. 施工复杂容易发生事故　　　　　　D. 高坠危险

6. （　　　）应始终在工作现场。

A. 工作票签发人　　B. 工作负责人　　C. 专责监护人　　D. 工作许可人

7. 现场勘察应查看现场施工（检修）作业（　　　）及其他危险点等。

A. 需要停电的范围　　　　　　　　　B. 保留的带电部位

C. 作业现场的条件　　　　　　　　　D. 作业现场的环境

8. 接地电阻测量例行试验应在干燥季节和土壤未冻结时进行，不应在（　　　）天气进行。

A. 雷　　　　　　　B. 雨　　　　　　　C. 雪　　　　　　　D. 大风

9. 测量杆塔工频接地电阻应安排（　　　）时候进行。

A. 干燥季节　　　　B. 土壤未冻结时　　C. 雷雨季节　　　　D. 土壤冻结时

10. 当发现杆塔接地电阻的实测值与以往的测量结果有明显的增大或减小时，应采取（　　　）措施后重新测量。

A. 改变电极布置方向　　　　　　　　B. 增加电极入地深度

C. 增大电极的距离　　　　　　　　　D. 减小电极的距离

三、判断题（对的打"√"，错的打"×"，20题，每题2分，共40分）

1. 运行中的高压直流输电系统的直流接地极线路和接地极应视为带电线路。（　　　）

2. 挖坑前，应与有关地下管道、电缆等地下设施的主管单位取得联系，明确地下设施的确切位置，做好防护措施。（　　　）

3. 变压器台架的承力杆打帮桩挖坑时，应采取防止倒杆的措施。使用铁钎时，注意上方导线。（　　　）

4. 线路施工需要进行爆破作业应遵守《民用爆炸物品安全管理条例》等国家有关规定。（　　　）

5. 安全带和专作固定安全带的绳索在使用前应进行外观检查。（　　　）

6. 高处作业人员在作业过程中，应随时检查安全带是否拴牢。高处作业人员在转移作业位置时不准失去安全保护。（　　　）

7. 低压带电作业，人体不准同时接触两根线头。（　　　）

8. 禁止与工作无关人员在起重工作区域内行走或停留。（　　　）

9. 高压线路不停电时，工作负责人应向全体人员说明线路上有电，并加强监护。核相工作应逐相进行。（   ）

10. 架空绝缘导线不应视为绝缘设备，作业人员不准直接接触或接近。架空绝缘线路与裸导线线路停电作业的安全要求相同。（   ）

11. 不填用工作票的低压电气工作可单人进行。（   ）

12. 在带电的低压配电装置上工作时，应采取防止相间短路和单相接地的绝缘隔离措施。（   ）

13. 填用第二种工作票的工作，也需要履行工作许可手续。（   ）

14. 专责监护人临时离开工作现场时，应通知工作负责人停止工作，待专责监护人回来后方可恢复工作。（   ）

15 停电时，不能直接在地面操作的断路器（开关）、隔离开关（刀闸）应加锁。（   ）

16. 线路经验明确无电压后，应立即装设接地线（直流线路两极接地线分别直接接地）。（   ）

17. 接地线应使用专用的线夹固定在导体上，可以用缠绕的方法进行接地或短路。（   ）

18. 操作没有机械传动的断路器（开关）、隔离开关（刀闸）和跌落式熔断器时，应使用合格的绝缘绳进行操作。（   ）

19. 雷电时，在做好安全措施的情况下，可以进行倒闸操作和更换熔丝工作。（   ）

20. 砍剪树木时，为防止树木（树枝）倒落在导线上，应设法用绳索将其拉向与导线相同的方向。（   ）

【参考答案】

一、单选题

1.A 2.B 3.D 4.D 5.C 6.B 7.A 8.B 9.A 10.D 11.D 12.C 13.C 14.B 15.C 16.B 17.C 18.C 19.B 20.A

二、多选题

1.AC 2.ABC 3.ABCD 4.ABCD 5.ACE 6.BC 7.ABCD 8.ABC 9.AB 10.AC

三、判断题

1.√ 2.× 3.√ 4.√ 5.√ 6.√ 7.√ 8.√ 9.√ 10.√ 11.√ 12.√ 13.× 14.× 15.× 16.× 17.× 18.× 19.× 20.×

第三节　变电专业准入考试模拟卷

一、变电检修（试验）

变电检修（试验）专业模拟题
（50题，单选20题，多选10题，判断20题）

一、单选题（20题，每题2分，共40分）

1. 手车式开关柜无隔离挡板或隔离挡板在手车开关拉出后不能可靠锁闭的，严禁在（　　）状态下工作。

　A. 开关仓检修　　　B. 开关柜检修　　　C. 开关检修　　　D. 出线仓检修

2. 装卸高压熔断器时，应戴护目眼镜和绝缘手套，必要时使用绝缘夹钳，并站在（　　）上。

　A. 绝缘垫　　　　　B. 绝缘垫或绝缘台　C. 干燥的地面　　　D. 干燥的帆布

3. 图5-7中红线标示部分存在哪种违章行为:（　　）。

图5-7

　A. 未设置吊车指挥人员　　　　　B. 施工人员在吊物下方作业

　C. 吊钩未闭锁　　　　　　　　　D. 作业人员未戴安全帽

4. 图5-8中红线标示部分存在哪种违章行为:（　　）。

图 5-8

A. 未设置吊车指挥人员   B. 吊车支腿未加垫枕木

C. 吊车没有可靠接地   D. 吊钩未闭锁

5. 图 5-9 中存在哪种违章行为：（   ）。

图 5-9

A. 无人扶梯   B. 梯子摆放在支持绝缘子上

C. 高处作业未使用安全带   D. 作业人员未戴安全帽

6. 图 5-10 中红线标示部分存在哪种违章行为：（   ）。

图 5-10

A. 梯子绑接使用　　　　　　　　　　　B. 梯子摆放在支持绝缘子上

C. 无人扶梯　　　　　　　　　　　　　D. 作业人员未戴安全帽

7. 工作负责人（工作班成员）上年度执行工作票数量少于（　　　）份时工作任务系数为 1.0。

A.10　　　　　　B.20　　　　　　C.30　　　　　　D.40

8. 违章记分以 1 个（　　　）为周期，按照分级统计的原则予以累计，不对不同层级查处的违章进行累加。

A. 月　　　　　　B. 自然年度　　　　C. 季度　　　　　　D. 日

9. 检修工作结束以前，对设备进行加压试验后，工作班若需继续工作时，应（　　　）。

A. 重新履行工作许可手续　　　　　　　B. 办理新的工作票

C. 重新布置安全措施　　　　　　　　　D. 重新对工作班组成员交待安全措施

10. 检修及基建单位的（　　　）应事先送有关设备运维管理单位、调度控制中心备案。

A. 工作许可人名单　　　　　　　　　　B. 工作票签发人、工作负责人名单

C. 专责监护人名单　　　　　　　　　　D. 工作班成员名单

11. 倒闸操作前不核对设备、违规跳项、漏项操作，或擅自解锁操作，属于（　　　）。

A. Ⅲ类严重违章　　B. Ⅰ类严重违章　　C. Ⅱ类严重违章　　D. 一般违章

12. 高压试验，变更接线或试验结束时，应首先断开试验电源、放电，并将升压设备的高压部分（　　　）。

A. 放电　　　　　　　　　　　　　　　B. 短路接地

C. 放电、短路　　　　　　　　　　　　D. 放电、短路接地

13. 使用绝缘电阻表测量高压设备绝缘，应由（　　　）进行。

A. 一人　　　　　　B. 两人　　　　　　C. 三人　　　　　　D. 四人

14. 高压试验结束时，试验人员应拆除自装的接地短路线，并对被试设备进行检查，恢复试验前的状态，经（　　　）复查后，进行现场清理。

A. 检修负责人　　　B. 工作许可人　　　C. 试验负责人　　　D. 运维负责人

15. 成套接地线应用有透明护套的多股软铜线和专用线夹组成，接地线截面不得小于（　　　），同时应满足装设地点短路电流的要求。

A.25 mm^2　　　　B.16 mm^2　　　　C.10 mm^2　　　　D.5 mm^2

16. 绝缘隔板的表面工频耐压试验周期为（　　　）。

A. 半年　　　　　　B. 1 年　　　　　　C. 2 年　　　　　　D. 1 年半

17. 在同一电气连接部分，许可高压试验工作票前，应先将已许可的检修工作票（　　　），禁止再许可第二张工作票。

A. 办理终结手续　　B. 让班组自行留存　C. 存档　　　　　　D. 收回

18. 高压试验装置的金属外壳应可靠接地；高压引线应尽量（　　　），并采用专用的高压试验线，必要时用绝缘物支持牢固。

A. 加长　　　　　　B. 缩短　　　　　　C. 升高　　　　　　D. 降低

19. 装、拆接地线的导体端时应使用绝缘棒（　　　）。

A. 和戴绝缘手套　　B. 或戴绝缘手套　　C. 保持安全距离　　D. 戴护目镜

20. 高压试验应填用（　　　）。

A. 变电站（发电厂）带电作业工作票

B. 变电站（发电厂）第一种工作票

C. 变电站（发电厂）第二种工作票

D. 变电站（发电厂）电力电缆工作票

二、多选题（10 题，每题 2 分，共 20 分）

1. 在变电站内出线电缆恢复接入时，正确做法应选用（　　　）和（　　　），该类工作票有明确的站内、站外各侧安全措施的登记位置，不易发生各侧安全措施的漏填、漏记。

A. 变电站第一种工作票　　　　　　B. 电力电缆第一种工作票

C. 配电第一种工作票　　　　　　　D. 事故应急抢修单

2. 图 5-11 中红线标示部分存在严重违章行为，正确的做法是（　　　）。

图 5-11

A. 接地线应装在该装置导电部分的规定地点，应去除这些地点的油漆或绝缘

B. 装设接地线时，应先接接地端，后接导线端

C. 接地线应接触良好、连接应可靠，禁止缠绕

D. 装设接地线时，应先接导线端，后接接地端

3. 图5-12中存在电焊机金属外壳未设置接地的违章行为，正确做法是（　　　）。

图 5-12

A. 所有电气设备的金属外壳均应有良好的接地装置

B. 使用金属外壳的电气工具时应戴绝缘手套

C. 金属外壳应接地，电动工具应做到"一机一闸一保护"

D. 使用中可将接地装置拆除

4. 高压试验作业人员在全部加压过程中，应（　　　）。

A. 精力集中　　　　　　　　　　　　B. 操作人应站在绝缘垫上

C. 随时警戒异常现象发生　　　　　　D. 有人监护并呼唱

5. 使用绝缘电阻表测量绝缘时，以下做法正确的是（　　　）。

A. 应将被测设备从各方面断开，验明无电压，确实证明设备无人工作后，方可进行

B. 在测量中禁止他人接近被测设备

C. 在测量绝缘前后，应将被测设备对地放电

D. 测量线路绝缘时，应取得许可并通知对侧后方可进行

6. 链条葫芦使用前应检查（　　　）是否良好。

A. 吊钩　　　　　　　B. 链条　　　　　　C. 传动装置　　　　D. 刹车装置

7. 以下（　　　）开关柜接线型式易导致人身触电风险，所有工作班成员必须清

楚掌握关键危险点及预控措施。

A. 主变进线开关柜，主变（或母线）侧带电或可能随时来电

B. 母联或分段开关柜，存在从邻柜接入的带电母排

C. 电压互感器柜内，避雷器直接接于母线上

D. 开关柜母线室未完全封闭隔离，可见带电的母排

8. 装拆接地线，以下做法正确的是（　　　　）。

A. 装设接地线应先接接地端，后接导体端，接地线应接触良好，连接应可靠

B. 装设接地线应先接导体端，后接接地端，接地线应接触良好，连接应可靠

C. 装、拆接地线导体端均应使用绝缘棒和戴绝缘手套

D. 人体不得碰触接地线或未接地的导线，以防止触电

9. 在室内高压设备上工作，应在（　　　　）悬挂"止步，高压危险！"的标示牌。

A. 工作地点两旁运行设备间隔的遮栏（围栏）上

B. 工作地点对面运行设备间隔的遮栏（围栏）上

C. 禁止通行的过道遮栏（围栏）上

D. 检修设备上

10. 若室外配电装置的大部分设备停电，只有个别地点保留有带电设备而其他设备无触及带电导体的可能时，以下做法正确的是（　　　　）。

A. 在带电设备四周装设全封闭围栏

B. 围栏上悬挂适当数量的"止步，高压危险！"标示牌

C. 标示牌应朝向围栏外面

D. 标示牌应朝向围栏里面

三、判断题（对的打"√"，错的打"×"，20题，每题2分，共40分）

1. 图5-13中在变电站二次保护室内电缆沟处工作，检修工作中将盖板取下，未设置临时围栏，此行为为一般违章。（　　　）

2. 图5-14中存在人员在吊物下走动的违章行为。（　　　）

3. 图5-15中接地线装设合格。（　　　）

4. 图5-16中专责监护人作业行为规范。（　　　）

5. 在高压试验中，对于未装接地线的大电容被试设备，应直接做试验。（　　　）

6. 对于手车式开关柜，仅在开关柜出线室工作时，应在"出线仓检修"状态下进行。（　　　）

图 5-13

图 5-14

图 5-15

图 5-16

7. 电气试验，非金属外壳的仪器应与设备绝缘，金属外壳的仪器和变压器外壳应接地。（　　）

8. 每台开关柜应根据内部结构型式制作开关柜结构示意图，并装设在开关柜面板上。（　　）

9. 开关冷备用是指开关分闸，手车在检修位置，开关柜前后柜门上锁。（　　）

10. 雷电时，禁止测量线路绝缘。（　　）

11. 特殊的重要电气试验，应有详细的安全措施，并经单位批准。（　　）

12. 在有感应电压的线路上使用绝缘电阻表测量绝缘时，应将相关线路同时停电，方可进行。（　　）

13. 检修工作中严禁强行解除开关柜内联锁，严禁强行拆除开关柜壳体，严禁随意使用万能钥匙解锁。（　　）

14. 熬制沥青或调制冷底子油应在建筑物的下风方向进行，距易燃物不得小于5 m，不应在室内进行。（　　）

15. 试验装置的电源开关，应使用明显断开的单极刀闸。（　　）

16. 试验装置的金属外壳应可靠接地；高压引线应尽量延长保证安全距离，并采用专用的高压试验线，必要时用绝缘物支持牢固。（　　）

17. 试验装置的低压回路中应有两个并联电源开关，并加装过载自动跳闸装置。（　　）

18. SF$_6$设备检修结束后，检修人员应洗澡，把用过的工器具、防护用具妥善保管。（　　）

19. 禁止作业人员利用起重机吊钩上升或下降。禁止用起重机械载运人员。（　　）

20. 高压试验中，因试验需要断开设备接头时，拆前应进行检查，接后应做好标记。（　　）

【参考答案】

一、单选题

1.A　2.B　3.B　4.B　5.C　6.B　7.C　8.B　9.A　10.B　11.C　12.D　13.B　14.C　15.A　16.B　17.D　18.B　19.A　20.B

二、多选题

1.BC　2.ABC　3.ABC　4.ABCD　5.CD　6.ABCD　7.ABCD　8.ACD

9.ABC　10.ABC

三、判断题

1.√　2.√　3.×　4.×　5.×　6.√　7.×　8.√　9.×　10.√　11.√　12.√
13.√　14.×　15.×　16.×　17.×　18.×　19.√　20.×

二、变电施工管理

变电施工管理专业模拟题

（50题，单选20题，多选10题，判断20题）

一、单选题（20题，每题2分，共40分）

1. 图5-17中红线标示部分施工现场的（　　　）缺失。

图5-17

A. 隔离围栏　　　　　B. 安全围栏　　　　　C. 安全护栏　　　　　D. 安全栏

2. 图5-18中红线标示部分存在哪种违章行为：（　　　）。

图5-18

A. 未戴绝缘手套

B. 在使用验电器时，操作人手未握在护环以下

C. 未穿绝缘靴

D. 作业人员未戴安全帽

3. 图 5-19 中红线标示部分存在哪种违章行为: (　　　)。

图 5-19

A. 接地线安装在吊车表面带油漆部位　　B. 未清除障碍

C. 未放置枕木　　　　　　　　　　　　D. 挂钩未闭锁

4. 图 5-20 中红线标示部分存在哪种违章行为: (　　　)。

图 5-20

A. 工作票缺失　　　　　　　　　　B. 工作票关键信息涂改

C. 工作票没有签名　　　　　　　　D. 工作票丢失

5. 图 5-21 中红线标示部分高压试验人员未使用（　　　）。

图 5-21

A. 绝缘垫　　　　　B. 安全帽　　　　　C. 护目镜　　　　　D. 绝缘棒

6. 图 5-22 中红线标示部分存在哪种违章行为:（　　　）。

图 5-22

A. 安全带高挂高用　　　　　　　　B. 安全带系在瓷瓶上

C. 安全带低挂低用　　　　　　　　D. 安全带脱落

7. 改、扩建工程开工前，施工单位应编制施工区域电气、通信等运行部分的物理和电气隔离方案，并经（　　　）会审确认。

A. 施工单位　　　　B. 监理单位　　　　C. 业主单位　　　　D. 设备运维单位

8. 在高压设备区域工作，不需要将高压设备停电者或做安全措施的工作应填用（　　）。

　　A. 第一种工作票　　B. 第二种工作票　　C. 施工作业票 A　　D. 施工作业票 B

9. 软母线引下线与设备连接前应进行（　　），不得任意悬空摆动。

　　A. 永久固定　　　　B. 临时固定　　　　C. 压接固定　　　　D. 焊接固定

10. 工作负责人允许变更（　　），应经签发人同意，并在施工作业票上做好变更记录。

　　A. 一次　　　　　　B. 二次　　　　　　C. 三次　　　　　　D. 四次

11. 使用中的氧气瓶与乙焕气瓶应垂直放置并固定，氧气瓶与乙焕气瓶的距离不得小于（　　）。

　　A.3 m　　　　　　B.4 m　　　　　　　C.5 m　　　　　　　D.6 m

12. 焊钳及电焊线的绝缘应良好；导线（　　）应与作业参数相适应。

　　A. 导电系数　　　　B. 截面积　　　　　C. 电流　　　　　　D. 绝缘层厚度

13. 滤油机及油系统的金属管道应采取（　　）的接地措施。

　　A. 触电　　　　　　B. 漏油　　　　　　C. 防静电　　　　　D. 火灾

14. 施工现场敷设的力能管线不得随意切割或移动。如需切割或移动，应事先办理（　　）手续。

　　A. 报审　　　　　　B. 备案　　　　　　C. 申报　　　　　　D. 审批

15. 现场设置的各种安全设施不得擅自拆、挪或移作他用。如确因施工需要，应征得该设施（　　）同意，并办理相关手续，采取相应的临时安全措施，事后应及时恢复。

　　A. 施工单位　　　　B. 管理单位　　　　C. 业主单位　　　　D. 监理单位

16. 不得使用（　　）作为风动工具的气源。

　　A. 空气　　　　　　B. 氮气　　　　　　C. 氦气　　　　　　D. 氧气

17. 材料、设备放置在围栏或建筑物的墙壁附近时，应留有（　　）以上的间距。

　　A.0.5 m　　　　　B.0.8 m　　　　　　C.1 m　　　　　　　D.1.2 m

18. 高处作业的人员（　　）至少进行一次体检。

　　A. 半年　　　　　　B. 每年　　　　　　C.1 年半　　　　　D.2 年

19. 安全帽使用期从产品制造完成之日起计算；塑料和纸胶帽不得超过（　　）。

　　A.1 年　　　　　　B.2 年　　　　　　　C.2 年半　　　　　D.3 年

20. 在狭小或潮湿地点施焊时，应（　　）或采取其他防止触电的措施，并设监护人。

    A. 加装剩余电流动作保护装置   B. 采取其他防止触电措施

    C. 垫以木板   D. 检查电焊机的绝缘电阻是否合格

二、多选题（10 题，每题 2 分，共 20 分）

1. 图 5-23 中红线标示部分存在哪些违章行为：（   ）。

图 5-23

    A. 作业人员擅自移动或拆除接地线   B. 接地桩埋深度不符合要求

    C. 接地线埋深度不符合要求   D. 未设置安全护栏

2. 钢丝绳有下列情况之一者应报废或截除：（   ）。

    A. 绳芯损坏或绳股挤出、断裂   B 笼状畸形

    C. 严重扭结   D. 未发现断丝

3. 安全带（   ）等标识清晰完整，各部件完整无缺失、无伤残破损。

    A. 制造商   B. 商标   C. 合格证   D. 检验证

4. 事故责任划分为（   ）。

    A. 主要责任，事故发生或扩大主要由一个主体承担责任者

    B. 重要责任，事故发生或扩大起到关键作用

    C. 同等责任，事故发生或扩大由多个主体共同承担责任者

    D. 次要责任，承担事故发生或扩大次要原因的责任者，包括一定责任和连带责任

5. 进入井、箱、柜、深坑、隧道（   ）等封闭、半封闭设备内等有限空间作业，应在作业入口处设专责监护人。

    A. 电缆夹层   B. 主变压器   C.GIS 设备   D. 主控室

6. 事故调查程序有（　　　　）。

A. 保护事故现场、收集原始资料

B. 调查事故情况、分析原因责任

C. 事故调查组应根据事故发生、扩大的原因和责任分析，提出防止同类事故发生、扩大的组织（管理）措施和技术措施

D. 提出人员处理意见

7. 作业人员在观察电弧时，可以使用的眼保护装置有（　　　　）。

A. 带有滤光镜的头罩　　　　　　　　　　B. 手持面罩

C. 佩戴安全镜　　　　　　　　　　　　　D. 护目镜

8. 安全工器具符合下列条件之一者，即予以报废（　　　　）。

A. 经试验或检验不符合国家或行业标准的

B. 安全工器具设专人管理

C. 超过有效使用期限，不能达到有效防护功能指标的

D. 外观检查明显损坏影响安全使用的

9. 发生下列（　　　　）项，中断安全记录。

A. 发生五级以上人身事故

B. 发生负同等责任以上的重大以上交通事故

C. 发生六级以上电网、设备和信息系统事故

D. 示范试验项目以及事先经过上级管理部门批准进行的科学技术实验项目，由于非人员过失所造成的事故

10. 起重机械的各种监测仪表以及（　　　　）等安全装置应完好齐全、灵敏可靠，不得随意调整或拆除。

A. 制动器　　　　　B. 限位器　　　　　C. 安全阀　　　　　D. 闭锁机构

三、判断题（对的打"√"，错的打"×"，20 题，每题 2 分，共 40 分）

1. 交叉作业时，作业现场应设置专责监护人，上层物件未固定前，下层应暂停作业。（　　　　）

2. 接地线一经拆除，设备即应视为有电，不得再去接触或进行作业。（　　　　）

3. 线盘放置的地面应平整、坚实，滚动方向前后均应掩牢。（　　　　）

4. 移动电焊机时，应切断电源，用拖拉电缆的方法移动焊机。（　　　　）

5. 图 5-24 中安全带仍然满足现场使用要求。（　　　　）

图 5-24

6. 在搬运及滚动电缆盘时，应确保电缆盘结构牢固，滚动时方向正确。（　　）

7. 施工现场应随时固定或清除可能漂浮的物体。（　　）

8. 施工现场应编制应急现场处置方案，并定期组织开展应急演练。（　　）

9. 油压式千斤顶的安全栓损坏，或螺旋、齿条式千斤顶的螺纹、齿条磨损量达30% 时，均不得使用。（　　）

10. 电焊工宜使用反射式镜片。清除焊渣时应戴防护眼镜。（　　）

11. 配电箱内及附近不得堆放杂物。（　　）

12. 发电机组应采用电源中性点直接接地的三相四线制供电系统，宜采用TN-S 系统。（　　）

13. 施工作业票上的时间、工作地点、主要内容、主要风险、安全措施等关键字经确认后可以涂改。（　　）

14. 气瓶不得与带电物体接触。氧气瓶不得沾染油脂。（　　）

15. 长期或频繁地靠近架空线路或其他带电体作业时，应采取隔离防护措施。（　　）

16. 动火区域中有条件拆下的构件如油管、阀门等，应拆下来移至安全场所。（　　）

17. 施工用电设施应按批准的方案进行施工，竣工后方可投入使用。（　　）

18. 交叉作业场所的通道应保持畅通；有危险的作业处应设围栏并悬挂安全标志。（　　）

19. 使用油压式千斤顶时，操作人员不得站在安全栓的前面。（　　　）

20. 在霜雪天气进行户外露天作业应及时清除场地霜雪，采取防冻防滑措施。
（　　　）

【参考答案】

一、单选题

1.A　2.B　3.A　4.B　5.A　6.B　7.D　8.B　9.B　10.A　11.C　12.B　13.C
14.D　15.B　16.D　17.A　18.B　19.C　20.C

二、多选题

1.BC　2.ABC　3.BCD　4.ACD　5.ABC　6.ABCD　7.ABCD　8.ACD
9.ABC　10.ABCD

三、判断题

1.√　2.√　3.√　4.×　5.×　6.√　7.√　8.√　9.×　10.√　11.√　12.√
13.×　14.√　15.√　16.√　17.×　18.×　19.×　20.√

三、变电运维（监控）

变电运维（监控）专业模拟题

（50题，单选20题，多选10题，判断20题）

一、单选题（20题，每题2分，共40分）

1. 图 5-25 所示是操作人员准备的接地线棒，红线标示部分存在的违章是：
（　　　）。

图 5-25

A. 粘贴的是绝缘手套标签　　　　　　B. 试验标签粘贴在操作杆顶部

C. 试验标签日期填写错误　　　　　　D. 试验标签粘贴在操作杆底部

2. 图 5-26 中操作人员在验电，红线标示部分存在的违章是：(　　)。

图 5-26

A. 未戴绝缘手套　　　　　　　　　　B. 手握验电器部位超过护环

C. 未戴护目眼镜　　　　　　　　　　D. 未戴安全帽

3. 图 5-27 中属于哪种违章等级：(　　)。

图 5-27

A. Ⅰ类严重违章　　B. Ⅱ类严重违章　　C. Ⅲ类严重违章　　D. 一般违章

4. 图 5-28 是值班人员在变电站内巡视，其存在的违章是：(　　)。

图 5-28

A. 未穿绝缘靴　　　　　　　　　　B. 未正确佩戴安全帽

C. 未穿全棉成套工作服　　　　　　D. 未戴绝缘手套

5. 绝缘罩的工频耐压试验周期为（　　　　）。

A. 半年　　　　　　B.1 年　　　　　　C.2 年　　　　　　D.1 年半

6. 如果设备上有人工作，应在设备断路器（开关）和隔离开关（刀闸）操作把手上悬挂（　　　　）的标示牌。

A."止步，高压危险！"　　　　　　B."禁止合闸，有人工作！"

C."禁止合闸，线路有人工作！"　　D."在此工作！"

7. 直流保护装置、通道和控制系统的工作，需要将高压直流系统停用者应填用（　　　　）工作票。

A. 第二种　　　　　　　　　　　　B. 带电作业

C. 第一种　　　　　　　　　　　　D. 二次工作安全措施

8. 测量轴电压和在转动着的发电机上用电压表测量转子绝缘的工作，应使用专用电刷，电刷上应装有（　　　　）以上的绝缘柄。

A.100 mm　　　　　B.150 mm　　　　　C.200 mm　　　　　D.300 mm

9. 吊物上不许站人，禁止作业人员利用（　　　　）来上升或下降。

A. 吊物　　　　　　B. 吊钩　　　　　　C. 起重物　　　　　　D. 吊车

10. 低压带电工作时，应采取遮蔽（　　　　）等防止相间或接地短路的有效措施；若无法采取遮蔽措施时，则将影响作业的有电设备停电。

A. 导体部分　　　　B. 有电部分　　　　C. 停电部分　　　　D. 金属部分

11. 倒闸操作要求，在操作中应认真执行（　　　　）制度（单人操作时也必须高声唱票），宜全过程录音。

A. 监护录音　　　　B. 监护复查　　　　C. 监护复诵　　　　D. 操作录音

12. 无论高压设备是否带电，作业人员不得单独移开或越过遮栏进行工作；若有必要移开遮栏时，应有（　　　　）在场，并符合设备不停电时的安全距离。

A. 安全员　　　　　B. 监护人　　　　　C. 负责人　　　　　D. 班组长

13. 运维人员应熟悉（　　　　）。单独值班人员或运维负责人还应有实际工作经验。

A. 电气设备　　　　B. 施工机具　　　　C. 现场安全措施　　D. 现场作业环境

14. 采用间接验电判断时，至少应有（　　　　）的指示发生对应变化，且所有这些确定的指示均已同时发生对应变化，才能确认该设备已无电。

A. 两个非同样原理或非同源　　　　B. 三个非同样原理或非同源

C. 两个非同样原理和非同源　　　　　　　D. 三个非同样原理和非同源

15. 进入作业现场应正确佩戴安全帽，现场作业人员应穿（　　　）、绝缘鞋。

A. 绝缘服　　　　　B. 屏蔽服　　　　　C. 防静电服　　　　　D. 全棉长袖工作服

16. 电气设备倒闸操作时，发布指令应准确、清晰，使用规范的调度术语和（　　　）。

A. 设备编号　　　　B. 设备双重名称　　C. 设备名称　　　　D. 设备标识

17. 经常有人工作的场所及施工车辆上宜配备急救箱，存放（　　　），并应指定专人经常检查、补充或更换。

A. 防蚊虫药品　　　B. 医用绷带　　　　C. 创可贴　　　　　D. 急救用品

18. 第一种工作票应在（　　　）送达运维人员，可直接送达或通过传真、局域网传送，但传真传送的工作票许可应待正式工作票到达后履行。

A. 工作当天　　　　B. 工作前一日　　　C. 工作开工前　　　D. 工作许可前

19. 各类作业人员应被告知其作业现场和工作岗位存在的危险因素、防范措施及（　　　）。

A. 事故紧急处理措施 B. 紧急救护措施　C. 应急预案　　　　D. 逃生方法

20. 事故发生后，事故发生单位必须（　　　），并派专人严格保护事故现场。

A. 立即控制现场　　　　　　　　　　　B. 迅速抢救伤员

C. 启动应急预案　　　　　　　　　　　D. 撤离事故地点

二、多选题（10 题，每题 2 分，共 20 分）

1. 关于现场人员变更，下列说法正确的是：（　　　）。

A. 工作负责人允许变更一次

B. 非特殊情况不得变更工作负责人

C. 变更工作班成员时，应经工作票签发人同意

D. 原、现工作负责人应对工作任务和安全措施进行交接

2. 110kV 某变电站保护装置更换及保护调试作业现场，依据图 5-29 的工作票应该拉开的断路器（开关）、隔离开关（刀闸）有：（　　　）。

A. 拉开 3N9 开关

B. 断开 3N9 开关储能电源及控制电源空气开关

C. 拉开 3N91、3N93 刀闸

D. 断开 3N91、3N93 刀闸操作电源空气开关

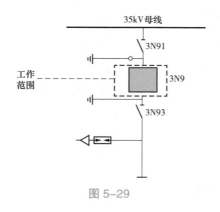

图 5-29

3. 图 5-30 为挖坑、堆土工作现场，红线标示部分存在的违章行为有：（   ）。

图 5-30

A. 堆土距坑边距离小于 1 m   B. 堆土高度超过 1.5 m

C. 未检测坑内一氧化碳含量超标   D. 未检测坑内二氧化碳含量超标

4. 在电气设备上工作，保证安全的组织措施有：（   ）。

A. 现场勘察制度   B. 工作票制度

C. 工作许可制度   D. 停电、验电、接地

5. 骨折急救时，肢体骨折可用（   ）等将断骨上、下方两个关节固定，也可利用伤员身体进行固定，避免骨折部位移动，以减少疼痛，防止伤势恶化。

A. 夹板   B. 木棍   C. 废纸板   D. 竹竿

6. 室内母线分段部分、母线交叉部分及部分停电检修易误碰有电设备的，应设有（   ）。

A. 明显标志的永久性隔离挡板   B. 明显标志的永久性隔离护网

C. 临时隔离挡板   D. 临时护网

7. 在原工作票的停电及安全措施范围内增加工作任务时，应（　　　）。

A. 由工作负责人征得工作班成员同意

B. 由工作负责人征得工作票签发人和工作许可人同意

C. 在工作票上增填工作项目

D. 在工作票上增填安全措施

8. 以下属于专责监护人安全责任的是：（　　　）。

A. 负责检查工作票所列安全措施是否正确完备，是否符合现场实际条件，必要时予以补充

B. 确认被监护人员和监护范围

C. 工作前，对被监护人员交待监护范围内的安全措施、告知危险点和安全注意事项

D. 监督被监护人员遵守规程和现场安全措施，及时纠正被监护人员的不安全行为

9. 下列关于工作票的有效期与延期，正确的叙述包括：（　　　）。

A. 第一、二种工作票和带电作业工作票的有效时间，以批准的检修期为限

B. 第一种工作票只能延期一次

C. 第二种工作票只能延期一次

D. 带电作业工作票可以延期一次

10. 关于低压回路停电的安全措施，以下做法正确的是：（　　　）。

A. 将检修设备的各方面电源断开取下熔断器

B. 在断开的开关或刀闸操作把手上挂"禁止合闸，有人工作！"的标示牌

C. 工作前应验电

D. 根据需要采取其他安全措施

三、判断题（对的打"√"，错的打"×"，20题，每题2分，共40分）

1. 图 5-31 中工作人员在保护室内作业，其违章行为是未戴安全帽。（　　　）

图 5-31

2. 图 5-32 中的消防器材检查卡显示的操作记录规范。（　　）

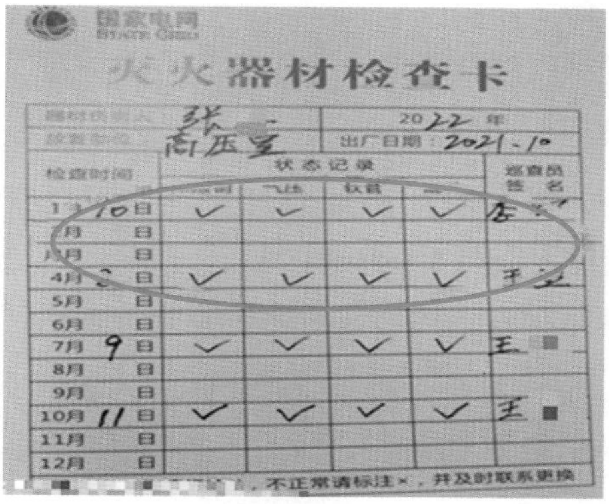

图 5-32

3. 变压器、压变、充油电缆等注油设备属于一级动火区。（　　）

4. 图 5-33 是施工现场使用的砂轮机，其转动部分未设置防护罩。（　　）

图 5-33

5. 图 5-34 是作用现场使用的梯子，上端未设置限高标志。（　　）

图 5-34

6. 图 5-35 为 35kV 某线开关状态显示仪更换工作现场，其中"在此工作！"标示牌悬挂的位置正确。（　　　）

图 5-35

7. 动火作业超过有效期限，应办理延期。（　　　）

8. 分工作票由总工作票的工作负责人签发。（　　　）

9. 高压验电应戴手套。（　　　）

10. 尽量避免一人进入 SF_6 配电装置室进行巡视或从事检修工作。（　　　）

11. 单人值班的变电站或发电厂升压站操作时，运维人员应根据发令人用电话传达的操作指令进行，可不用操作票。（　　　）

12. 高处作业人员在作业过程中，应随时检查安全带是否拴牢。（　　　）

13. 单人操作，检修人员在倒闸操作过程中如需解锁，应待增派运维人员到现场，履行上述手续后处理。解锁工具（钥匙）使用后应及时封存并做好记录。（　　　）

14. 在一个电气连接部分同时有检修和试验时，可填用一张工作票，但在试验前应得到工作许可人的许可。（　　　）

15. 高压设备上工作，在手车开关拉出后，应观察隔离挡板是否可靠封闭。（　　　）

16. 运维检查作业时，应有值班调控人员、运维负责人正式发布的指令，并使用经事先审核的操作票。（　　　）

17. 继电保护远方操作时，至少应有一个以上指示发生对应变化，且所有这些确定的指示均已同时发生对应变化，才能确认该设备已操作到位。（　　　）

18. 用绝缘棒拉合隔离开关（刀闸）、高压熔断器或经传动机构拉合断路器（开关）和隔离开关（刀闸），均应戴手套。（　　　）

19. 起重物品应绑牢，吊钩要挂在物品的重心线上。（　　　）

20. 电动的工具、机具应接地或接零良好。（　　　）

【参考答案】

一、单选题

1.A　2.B　3.C　4.C　5.B　6.C　7.C　8.D　9.B　10.B　11.C　12.B　13.A　14.A　15.D　16.B　17.D　18.B　19.A　20.B

二、多选题

1.ABD　2.ABCD　3.AB　4.ABC　5.ABD　6.AB　7.BC　8.BCD　9.ABC　10.ABCD

三、判断题

1. √　2. ×　3. √　4. √　5. √　6. ×　7. ×　8. ×　9. ×　10. ×　11. ×　12. √　13. ×　14. ×　15. √　16. ×　17. ×　18. ×　19. √　20. √

四、继电保护

继电保护专业模拟题
（50题，单选20题，多选10题，判断20题）

一、单选题（20题，每题2分，共40分）

1. 继电保护装置的配置和选型必须满足有关规程规定的要求，并经相关继电保护（　　　）部门同意。

　　A. 管理　　　　　　　　B. 运维检修　　　　　　C. 基建调试　　　　　D. 规划设计

2. 继电保护及安全自动装置调试及检验应保证继电保护装置、（　　　）等二次设备与一次设备同期投入。

　　A. 状态评价系统　　　　　　　　　　　B. 定值在线校核系统

　　C. 线路在线监测系统　　　　　　　　　D. 安全自动装置以及故障录波器

3. 保护室与通信室之间信号优先采用光缆传输。若使用电缆，应采用双绞双屏蔽电缆，其中内屏蔽（　　　）接地。

　　A. 在信号接收侧单端　　　　　　　　　B. 在信号发送侧单端

　　C. 两端　　　　　　　　　　　　　　　D. 不

4. 10、20、35kV 户外配电装置的裸露部分在跨越人行过道或作业区时，若导电部分对地高度分别小于（　　）m，该裸露部分两侧和底部应装设护网。

A.2.6、2.8、3.1　　　　　　　　　　　B.2.7、2.8、2.9

C.2.5、2.5、2.6　　　　　　　　　　　D.2.9、3.0、3.5

5. 启动调试过程中，因 220kV 以下继电保护极性错误，影响设备安全运行，属于（　　）。

A. 五级设备事件　　B. 六级设备事件　　C. 七级设备事件　　D. 八级设备事件

6. 二级动火时，（　　）可不到现场。

A. 工区分管生产的领导或技术负责人（总工程师）

B. 动火负责人或动火执行人

C. 消防监护人或动火执行人

D. 运维许可人或动火执行人

7. 需要变更工作班成员时，应经（　　）同意，在对新的作业人员进行安全交底手续后，方可进行工作。

A. 工作许可人　　B. 工作负责人　　C. 工作票签发人　　D. 专责监护人

8. 运行中的高压设备，其中性点接地系统的中性点应视作（　　）。

A. 带电体　　　　B. 停电设备　　　　C. 检修设备　　　　D. 试验设备

9. 雷雨天气，需要巡视室外高压设备时，应穿（　　），并不准靠近避雷器和避雷针。

A. 雨鞋　　　　　B. 绝缘靴　　　　　C. 橡胶鞋　　　　　D. 绝缘鞋

10. （　　）继电器动作时间应与断路器动作时间配合，断路器（　　）保护的动作时间应与其他保护动作时间相配合。

A. 防跳；三相位置不一致　　　　　　　B. 出口；后备

C. 测量；失灵　　　　　　　　　　　　D. 中间；远跳

11. 高压设备发生接地时，室内人员应距离故障点（　　）以外。

A.1 m　　　　　　B.2 m　　　　　　C.3 m　　　　　　D.4 m

12. 停电设备有关的变压器和电压互感器，应将设备（　　）断开，防止向停电检修设备反送电。

A. 各侧　　　　　B. 高压侧　　　　　C. 低电侧　　　　　D. 带电侧

13. 在继电保护装置、安全自动装置及自动化监控系统屏（柜）上或附近进行打眼等振动较大的工作时，应采取防止运行中设备（　　）的措施。

A. 倾倒　　　　　　B. 振动　　　　　　C. 误动作　　　　　　D. 误操作

14. 短时间退出防误操作闭锁装置时，应经（　　　）或发电厂当班值长批准，并应按程序尽快投入。

A. 变电运维班（站）长　　　　　　　　B. 发令人

C. 调控人员　　　　　　　　　　　　　D. 监护人

15. 在开断电缆以前，应与电缆走向图图纸核对相符，并使用专用仪器（如感应法）确切证实电缆无电后，用（　　　）钉入电缆芯后，方可工作。

A. 带绝缘柄的铁钎　　　　　　　　　　B. 接地的铁钎

C. 接地的带绝缘柄的铁钎　　　　　　　D. 接地的带手柄的铁钎

16. 雨天操作室外高压设备时，绝缘棒应有防雨罩，还应（　　　）。

A. 穿绝缘靴　　　　B. 穿雨衣　　　　C. 穿绝缘鞋　　　　D. 穿防电弧服

17. 在发生人身触电事故时，可以不经许可即行断开有关设备的电源，但事后应立即报告（　　　）和上级部门。

A. 调度控制中心或工作负责人　　　　　B. 工作负责人或设备运维管理单位

C. 调度控制中心或设备运维管理单位　　D. 工作负责人或班站长

18. 全部停电的工作，是指室内高压设备全部停电（包括架空线路与电缆引入线在内），并且通至邻接（　　　）的门全部闭锁，以及室外高压设备全部停电（包括架空线路与电缆引入线在内）的工作。

A. 保护室　　　　B. 蓄电池室　　　　C. 主控室　　　　D. 高压室

19. 在高压设备上工作，应至少由两人进行，并完成保证安全的（　　　）。

A. 技术措施和应急措施　　　　　　　　B. 组织措施和现场措施

C. 组织措施和技术措施　　　　　　　　D. 应急措施和现场措施

20. 在继电保护、安全自动装置、自动化监控系统等及其二次回路，以及在通信复用通道设备上检修及试验工作，可以不停用高压设备或不需做安全措施者，应该填用变电站（发电厂）（　　　）。

A. 第一种工作票　　B. 带电作业工作　　C. 第二种工作票　　D. 工作任务单

二、多选题（10 题，每题 2 分，共 20 分）

1. 电压互感器的二次回路通电试验时，为防止由二次侧向一次侧反充电，应将（　　　）。

A. 二次回路短路接地　　　　　　　　　B. 二次回路断开

C. 电压互感器高压熔断器取下　　　　D. 电压互感器一次刀闸断开

2. 检验继电保护、安全自动装置、自动化监控系统和仪表的作业人员，不准对（　　）进行操作。

A. 运行中的设备　　B. 信号系统　　　C. 保护压板　　　D. 保护试验装置

3. 在二次系统上工作，检修中遇有以下（　　）情况应填用二次工作安全措施票。

A. 在运行设备的二次回路上进行拆、接线工作

B. 在对检修设备执行隔离措施时，需拆断、短接和恢复同运行设备有联系的一次回路工作

C. 在对检修设备执行隔离措施时，需拆断、短接和恢复同运行设备有联系的二次回路工作

D. 在继电保护装置中改变装置原有定值的工作

4. 专责监护人不得兼做其他工作。专责监护人临时离开时，应通知被监护人员（　　），待专责监护人回来后方可恢复工作。

A. 注意安全　　　　B. 停止工作　　　C. 离开工作现场　　D. 相互监督

5. 若工作间断后所有（　　）保持不变，工作票可由工作负责人执存。

A. 安全措施　　　　B. 工作时间　　　C. 接线方式　　　　D. 工作班成员

6. 在工作间断期间，若有紧急需要，运维人员可在工作票未交回的情况下合闸送电，但应先通知工作负责人，在得到工作班全体人员已经离开工作地点、可以送电的答复后方可执行，并应采取下列（　　）措施。

A. 拆除临时遮栏、接地线和标示牌

B. 恢复常设遮栏，换挂"止步，高压危险！"的标示牌

C. 应在所有道路派专人守候，以便告诉工作班人员"设备已经合闸送电，不得继续工作"

D. 守候人员在工作票未交回以前，不得离开守候地点

7. 在电气设备上工作，保证安全的技术措施由（　　）执行。

A. 调控人员　　　　　　　　　　　　B. 检修人员

C. 运维人员　　　　　　　　　　　　D. 有权执行操作的人员

8. 除使用特殊仪器外，所有使用携带型仪器的测量工作均应在（　　）进行。

A. 电流互感器的二次侧　　　　　　　B. 电流互感器的一次侧

C. 电压互感器的二次侧　　　　　　　D. 电压互感器的一次侧

9. 对无法进行直接验电的设备、高压直流输电设备和雨雪天气时的户外设备可

以进行间接验电，即通过设备的（　　　）及各种遥测、遥信等信号的变化来判断。

　　A. 机械指示位置　　　B. 电气指示　　　　C. 带电显示装置　　D. 仪表

10. 当验明设备确已无电压后，应立即将检修设备（　　　）。

　　A. 挂标示牌　　　　　B. 装设围栏　　　　C. 接地　　　　　　D. 三相短路

三、判断题（对的打"√"，错的打"×"，20题，每题2分，共40分）

1. 电缆施工完成后应将穿越过的孔洞进行封堵。（　　　）

2. 图5-36中现场灭火器无定期检查记录。（　　　）

图 5-36

3. 低温或高温环境下作业，应采取保暖和防暑降温措施，作业时间不宜过长。
（　　　）

4. 倒闸操作的基本条件之一：有与现场一次设备和实际运行方式相符的一次系统模拟图（包括各种电子接线图）。（　　　）

5. 严格执行继电保护现场标准化作业指导书，规范现场安全措施，是防止继电保护"三误"事故的有效措施。（　　　）

6. 在现场条件允许的情况下，可带负荷拉合隔离开关（刀闸）。（　　　）

7. 高架绝缘斗臂车在工作过程中，其发动机可以熄火。（　　　）

8. 禁止在只经断路器（开关）断开电源或只经换流器闭锁隔离电源的设备上工作。（　　　）

9. 动火作业，尽可能地把动火时间和范围扩展到最高限度。（　　）

10. 装设接地线应由两人进行（经批准可以单人装设接地线的项目及运维人员除外）。（　　）

11. 由于设备原因，接地刀闸与检修设备之间连有断路器（开关），在接地刀闸和断路器（开关）合上后，应有保证断路器（开关）不会分闸的措施。（　　）

12. 直流断路器不能满足上、下级保护配合要求时，应选用带短路短延时保护特性的直流断路器。（　　）

13. 每组接地线及其存放位置均应编号，接地线号码与存放位置号码应一致。（　　）

14. 绝缘斗中的作业人员应使用安全带和绝缘工具。（　　）

15. 阻波器被短接前，严防等电位作业人员人体短接阻波器。（　　）

16. 在同一机组的几个电动机上依次工作时，可填用一张工作票。（　　）

17.220kV 以上线路、母线失去主保护，为七级电网事件。（　　）

18. 对于动火作业，可以采用不动火的方法代替而同样能够达到效果时，尽量采用替代的方法处理。（　　）

19.上爬梯应逐档检查爬梯是否牢固，上下爬梯应抓牢，应两手同时抓一个梯阶。（　　）

20. 所有电流互感器和电压互感器的二次绕组至少要有一点永久性的、可靠的保护接地。（　　）

【参考答案】

一、单选题

1.A　2.D　3.A　4.B　5.C　6.A　7.B　8.A　9.B　10.A　11.D　12.D　13.C　14.A　15.C　16.A　17.C　18.D　19.C　20.C

二、多选题

1.BCD　2.ABC　3.AC　4.BC　5.AC　6.ABCD　7.CD　8.AC　9.ABCD　10.CD

三、判断题

1.√　2.√　3.√　4.√　5.√　6.×　7.×　8.√　9.×　10.√　11.√　12.√　13.√　14.√　15.√　16.√　17.×　18.√　19.×　20.×

五、自动化

自动化专业模拟题
（50题，单选20题，多选10题，判断20题）

一、单选题（20题，每题2分，共40分）

1. 验收时，应认真检查（   ）的保护动作信号是否齐全、准确、一致。

A. 继电保护和安全自动装置、检修中心

B. 站端后台、调度端

C. 继电保护和安全自动装置、站端后台、调度端

D. 继电保护和录波器

2. 应对电力系统区内外故障、暂态过载、短时过载和持续运行等顺序事件进行校核，以验证串补装置的（   ）。

A. 耐受能力　　　　B. 带载能力　　　　C. 抗短路能力　　　　D. 过载能力

3. 拆接负载电缆前，应断开相应（   ）的电源输出开关。

A.UPS　　　　B. 机房　　　　C. 负载　　　　D. 市电

4. 不间断电源主机设备断电检修前，应先确认负荷已经（   ）。

A. 转移或清除　　　B. 转移或关闭　　　C. 投运　　　　D. 清除或关闭

5. 控制盘和低压配电盘、配电箱、电源干线上的工作应填用（   ）工作票。

A. 第一种　　　　　　　　　　　　B. 第二种

C. 带电作业　　　　　　　　　　　D. 电力电缆第二种

6. 二次系统和照明等回路上的工作，无需将高压设备停电者或做安全措施者应填用（   ）工作票。

A. 第一种　　　　　　　　　　　　B. 第二种

C. 带电作业　　　　　　　　　　　D. 二次工作安全措施

7. 在同步相量测量装置上工作，同步相量测量装置更换硬件、升级软件、变更信息点表及配置文件时，应备份原软件版本、（   ）、信息点表。更新完成，检查无误后应重新备份并记录变更信息。

A. 配置文件及参数　B. 业务数据　　C. 安全加固配置　D. 账号密码

8. 业务系统升级或配置更改后，应验证（   ）运行正常，方可投入运行。

A. 操作系统　　　B. 业务系统　　　C. 数据采集系统　　D. 监视控制系统

9. 数据库升级和配置变更前，应（　　）数据文件、日志文件、控制文件和配置文件。

    A. 删除   B. 备份   C. 转移   D. 关闭

10. 数据库版本升级前应（　　）数据库与操作系统和业务系统间的兼容性。

    A. 检查   B. 测试   C. 校验   D. 核对

11. 工作票中如有个别错、漏字需要修改，应使用规范的（　　），字迹应清楚。

    A. 符号   B. 术语   C. 字体   D. 标准

12. 在安全设备上进行工作时，严禁绕过（　　）将两侧网络直连。

    A. 防火墙   B. 横向隔离   C. 纵向加密装置   D. 安全设备

13. 工作票一份应保存在工作地点，由（　　）收执；另一份由工作许可人收执，按值移交。

    A. 工作票签发人   B. 专责监护人

    C. 工作负责人   D. 变电运维负责人

14. 运行中发现危及电力监控系统和数据安全的紧急情况时，应采取（　　），并立即报告。

    A. 关闭系统   B. 紧急措施   C. 断开网络连接   D. 做好系统备份

15. 在时间同步装置上工作，时间同步装置更换硬件、升级软件时，应将本设备设置为（　　）状态，更换或升级完成，经测试无误后方可投入运行。

    A. 检修   B. 运行   C. 停用   D. 备用

16. 接入常规电流、电压互感器的测控装置在进行带电拆装、调试及定检工作时，应将装置的（　　）。

    A. 电压端子短接、电流端子短接   B. 电压端子开路、电流端子短接

    C. 电压端子短接、电流端子开路   D. 电压端子开路、电流端子开路

17. 通信网关机的通信规约、信息点表、配置文件等升级或变更时，应先在（　　）上修改和调试。

    A. 调试终端   B. 备用设备

    C. 另一台通信网关机   D. 停运设备

18. 在继电保护、安全自动装置及自动化监控系统屏间的通道上搬运试验设备时，不能阻塞通道，要与（　　）保持一定距离，防止事故处理时通道不畅，防止误碰运行设备，造成相关运行设备继电保护误动作。

    A. 检修设备   B. 运行设备   C. 相邻设备   D. 其他试验设备

19. 在低压配电装置和低压导线上工作，对于低压电动机和在不可能触及高压设备、二次系统的照明回路上的工作可（　　），该工作至少由两人进行。

A. 不填用工作票，但应做好相应记录

B. 填用变电站（发电厂）第一种工作票

C. 填用变电站（发电厂）第二种工作票

D. 填用变电站（发电厂）带电作业工作票

20. 工作票若至预定时间，一部分工作尚未完成，需继续工作而不妨碍送电者，在送电前，应按照送电后现场设备带电情况（　　），布置好安全措施后，方可继续工作。

A. 办理新的工作票　　　　　　　　B. 修改原工作票

C. 交待现场安全注意事项　　　　　D. 向工作班成员告知危险点

二、多选题（10 题，每题 2 分，共 20 分）

1. 手持电动工器具如有（　　）或有损于安全的机械损伤等故障时，应立即进行修理，在未修复前，不得继续使用。

A. 绝缘损坏、电源线护套破裂　　　　B. 电源线护套油污

C. 保护线脱落　　　　　　　　　　　D. 插头插座裂开

2. 关于工作场所的照明，以下说法中正确的是：（　　）。

A. 应该保证足够的亮度

B. 在操作盘、重要表计、主要楼梯、通道、调控中心、机房、控制室等地点应设有事故照明

C. 现场的临时照明线路应相对固定，并经常检查、维修

D. 照明灯具的悬挂高度应不低于 2.5 m，并不得任意挪动；低于 2.5 m 时应设保护罩

3. 关于电气工具和用具的使用，以下做法正确的是：（　　）。

A. 使用前应检查电线是否完好，有无接地线

B. 不合格的电气工具和用具禁止使用

C. 使用时应按有关规定接好剩余电流动作保护器（漏电保护器）和接地线

D. 使用中发生故障，应立即报废

4. 书面记录指（　　）等。

A. 工单　　　　　B. 工作记录　　　　　C. 巡视记录　　　　　D. 操作记录

5. 高处作业均应先（　　），方可进行。

A. 搭设脚手架　　　　　　　　　　B. 使用高空作业车

C. 使用升降平台　　　　　　　　　D. 采取其他防止坠落措施

6. 安全带禁止挂在（　　）物件上。

A. 隔离开关（刀闸）支持绝缘子　　B.CVT 绝缘子

C. 母线支柱绝缘子　　　　　　　　D. 牢固的钢结构

7. 在进行高处作业时，下列说法正确的有：（　　）。

A. 除有关人员外，不准他人在工作地点的下面通行或逗留

B. 工作地点下面应有围栏或装设其他保护装置，防止落物伤人

C. 如在格栅式的平台上工作，为了防止工具和器材掉落，应采取有效隔离措施，如铺设木板等

D. 较大的工具可平放在构架上

8. 高处作业区周围的孔洞、沟道等应设（　　），并有固定其位置的措施。

A. 盖板　　　　　　B. 安全网　　　　　C. 围栏　　　　　D. 专人看守

9. 在二次系统上工作前应做好准备，了解（　　），核对控制保护设备、测控设备主机或板卡型号、版本号及跳线设置等是否齐备并符合实际，检查仪器、仪表等试验设备是否完好，核对微机保护及安全自动装置的软件版本号等是否符合实际。

A. 工作地点、工作范围

B. 一次设备及二次设备运行情况

C. 安全措施、试验方案、上次试验记录、图纸

D. 整定值通知单、软件修改申请单

10. 二次系统试验工作结束后，以下做法正确的是：（　　）。

A. 按"二次工作安全措施票"逐项恢复同运行设备有关的接线

B. 拆除临时接线

C. 检查装置内无异物，屏面信号及各种装置状态正常

D. 检查各相关压板及切换开关位置恢复至工作许可时的状态

三、判断题（对的打"√"，错的打"×"，20题，每题 2 分，共40分）

1. 清扫运行设备和二次回路时，要防止振动，防止误碰，要使用绝缘工具。（　　）

2. 网络与安全设备停运、断网、重启操作前，应确认该设备所承载的业务可停

用或已转移。（　　　）

3. 电压切换直流电源与对应保护控制电源取自同一段直流母线且共用直流空气开关。（　　　）

4. 电力监控系统上工作应使用专用的调试计算机及移动存储介质，调试计算机经严格检测后可接入外网路。（　　　）

5. 动火工作票的审批人、消防监护人可以签发动火工作票。（　　　）

6. 通过控制台或远程终端进行作业时，应输入账号和密码，也可以使用互信登录、保存密码等方式免密登录。（　　　）

7. 停运或重启数据库前，不需要确认所承载的业务可停用或已转移。（　　　）

8. 钳形电流表应保存在干燥的室内，使用前要擦拭干净。（　　　）

9. 拆除蓄电池连接铜排或线缆应使用经绝缘处理的工器具。（　　　）

10. 测控装置更换硬件、升级软件时，应记录相关参数，更换或升级后，应恢复原参数设置，并经测试无误后方可投入运行。（　　　）

11. 转动着的发电机、同期调相机如未加励磁，则可认为没有电压。（　　　）

12. 在换流站直流控制保护系统上工作，严禁任何未经安全检查和许可的各类网络终端和存储设备接入控制保护系统。（　　　）

13. 在同步相量测量装置上工作，同步相量测量装置使用的信息点表应经相应调控机构审核通过。（　　　）

14. 在电能量采集装置上工作，工作结束前，应验证电能表数据、电能量采集装置数据、电能量计量系统主站数据三者的一致性。（　　　）

15. 在配电终端上工作，配电终端更换硬件、升级软件时应记录相关参数，更换或升级后应恢复原参数设置，并经测试无误后方可投入运行。（　　　）

16. 直流开关或熔断器未断开前，可以断开蓄电池之间的连接。（　　　）

17. 安全保护等级为四级的电力监控系统的主调系统 SCADA 功能全部失效为五级设备事件。（　　　）

18. 检修发电机、同期调相机，检修机组装有二氧化碳或蒸汽灭火装置的，则在风道内工作前应采取防止灭火装置误动的必要措施。（　　　）

19. 平地搬运时伤员头部在前，上楼、下楼、下坡时头部在上，搬运中应严密观察伤员，防止伤情突变。（　　　）

20. 伤员脱离电源后，当发现触电者呼吸微弱或停止时，应立即通畅触电者的气道以促进触电者呼吸或便于抢救。（　　　）

【参考答案】

一、单选题

1.C 2.A 3.C 4.B 5.B 6.B 7.A 8.B 9.B 10.B 11.A 12.D 13.C 14.B 15.D 16.B 17.B 18.B 19.A 20.A

二、多选题

1.ACD 2.ABCD 3.ABC 4.ABC 5.ABCD 6.ABC 7.ABC 8.ABC 9.ABCD 10.ABCD

三、判断题

1. √ 2. √ 3. × 4. × 5. × 6. × 7. × 8. √ 9. √ 10. √ 11. × 12. √ 13. √ 14. √ 15. √ 16. × 17. × 18. √ 19. × 20. √

第四节 配电专业准入考试模拟卷

一、配电带电作业

配电带电作业专业模拟题
（50题，单选20题，多选10题，判断20题）

一、单选题（20题，每题2分，共40分）

1. 作业人员攀登杆塔时，手扶的构件应（　　）。

A. 牢固　　　　　　　B. 方便　　　　　　　C. 灵活　　　　　　　D. 耐用

2. 图5-37中红线标示部分存在哪种违章行为：（　　）。

图5-37

A. 未正确使用安全带   B. 未正确使用脚扣

C. 未正确穿戴绝缘防护用具   D. 未佩戴安全帽

3. 图 5-38 中红线标示部分存在哪种违章行为：（　　　）。

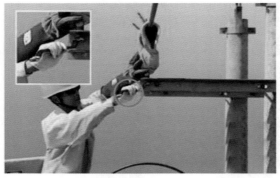

图 5-38

A. 作业人员未正确穿戴绝缘安全帽   B. 作业人员擅自摘下绝缘手套

C. 作业人员未正确穿戴绝缘服   D. 作业人员高空抛物

4. 图 5-39 中红线标示部分存在哪种违章行为：（　　　）。

图 5-39

A. 绝缘遮蔽重叠部分小于 15 cm 或中间裸露带电或接地部位

B. 作业范围内绝缘遮蔽长度不满足要求

C. 距离带电体安全距离不足

D. 作业人员未正确穿戴绝缘安全帽

5. 图 5-40 中红线标示部分存在哪种违章行为：（　　　）。

A. 绝缘斗臂车吊钩闭锁脱扣缺失   B. 斗内电工未正确使用安全带

C. 未正确进行绝缘遮蔽   D. 未正确穿戴绝缘安全帽

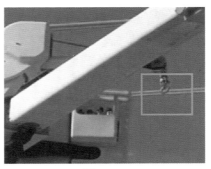

图 5-40

6. 图 5-41 中红线标示部分存在哪种违章行为:(　　　)。

图 5-41

A. 杆上电工未正确使用安全带

B. 杆上电工在使用操作杆断上引线时,未使用锁杆固定

C. 杆上电工未正确穿戴绝缘防护用具

D. 杆上电工未正确穿戴绝缘安全帽

7. 图 5-42 中红线标示部分存在哪种违章行为:(　　　)。

图 5-42

A. 作业人员未正确穿戴绝缘防护用具

B. 作业范围内绝缘遮蔽长度不满足要求

C. 绝缘遮蔽重叠部分小于 15 cm 或中间裸露带电或接地部位

D. 作业人员未正确穿戴绝缘安全帽

8. 图 5-43 中红线标示部分存在哪种违章行为：（　　　）。

图 5-43

A. 作业人员未正确进行绝缘遮蔽　　　B. 作业人员未正确使用安全带

C. 作业人员未正确穿戴绝缘防护用具　D. 作业人员高处作业无人扶梯

9. 图 5-44 中红线标示部分存在哪种违章行为：（　　　）。

图 5-44

A. 高处作业未做防护措施　　　　　　B. 高空抛物

C. 无人扶梯　　　　　　　　　　　　D. 作业人员未戴安全帽

10. 图 5-45 中红线标示部分存在哪种违章行为：（　　　）。

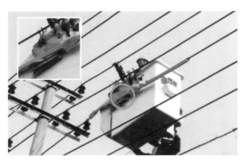

图 5-45

A. 绝缘斗挤压导线

B. 装设、拆除绝缘遮蔽顺序错误

C. 绝缘遮蔽重叠部分小于 15 cm 或中间裸露带电或接地部位

D. 高空作业无人扶梯

11. 图 5-46 中红线标示部分存在哪种违章行为：（　　　）。

图 5-46

A. 作业人员站在起吊物下方　　　　B. 作业人员未正确穿戴绝缘防护用具

C. 起吊物超出荷载范围　　　　　　D. 吊钩未进行必要绝缘遮蔽

12. 图 5-47 是某带电作业班在 2022 年 11 月 23 日进行带电 T 接引线作业现场，其中存在哪种违章行为：（　　　）。

图 5-47

A. 带电接引线作业时作业人员未佩戴护目镜

B. 现场使用的绝缘护套超出检验期

C. 作业人员未正确进行绝缘遮蔽

D. 带电接引线作业时作业人员未佩戴安全帽

13. 封闭式高压配电设备（　　　　）应装设带电显示装置。

A. 进线电源侧　　　　B. 出线线路侧　　　　C. 进线电源侧和出线线路侧

D. 进线侧

14. 柱上断路器应有分、合位置的（　　　　）指示。

A. 机械　　　　　　B. 电气　　　　　　C. 仪表　　　　　　D. 带电

15. 带电作业需要停用重合闸的作业和带电断、接引线工作应由（　　　　）履行许可手续。

A. 运行值班人员　　B. 值班调控人员　　C. 专责监护人　　D. 工作负责人

16. 装有 SF_6 设备的配电站应装设强力通风装置，风口应设置在（　　　　），其电源开关应装设在门外。

A. 室内中部　　　　B. 室内顶部　　　　C. 室内底部　　　　D. 室内电缆通道

17. 开工前，工作负责人或工作票签发人应重新核对现场勘察情况，发现与原勘察情况有变化时，应及时修正、完善相应的（　　　　）。

A. 施工方案　　　　B. 组织措施　　　　C. 技术措施　　　　D. 安全措施

18. 带电接引线时未接通相的导线、带电断引线时已断开相的导线，应在采取（　　　　）后方可触及。

A. 防感应电措施　　B. 绝缘隔离措施　　C. 防坠落措施　　D. 断电措施

19.10kV 及以下高压线路、设备不停电时的安全距离为（　　　　）。

A.0.35 m　　　　　B.0.6 m　　　　　　C.0.7 m　　　　　　D.1.0 m

20. 带电立、撤杆时，应使用足够强度的（　　　　）作拉绳，控制电杆的起立方向。

A. 钢丝绳　　　　　　　　　　　　B. 绝缘绳索

C. 尼龙绳　　　　　　　　　　　　D. 非绝缘绳索

二、多选题（10 题，每题 2 分，共 20 分）

1. 图 5-48 中红线标示部分存在哪些违章行为：（　　　　）。

A. 导线未进行必要绝缘遮蔽　　　　B. 电杆未进行必要绝缘遮蔽

C. 吊钩未进行必要绝缘遮蔽　　　　D. 吊索未使用绝缘吊装带

图 5-48

2. 图 5-49 中存在哪些违章行为：（　　　）。

图 5-49

A. 放线、撤线、紧线时导线与带电线路安全距离不足

B. 邻近带电设备未采取防止导线弹跳的措施

C. 作业人员未正确穿戴绝缘防护用具

D. 作业人员未正确使用绝缘安全带

3. 图 5-50 中存在哪些违章行为：（　　　）。

图 5-50

A. 未对电杆采取绝缘遮蔽措施

B. 身体未被绝缘披肩保护部分与带电绝缘包裹导线直接接触，存在触电风险

C. 绝缘遮蔽重叠部分小于 15 cm 或中间裸露带电或接地部位

D. 作业人员未正确穿戴绝缘防护用具

4. 图 5-51 中存在哪些违章行为：（　　　）。

图 5-51

A. 杆上电工将后备保护绳挂在熔断器横担上

B. 未正确进行绝缘遮蔽

C. 作业人员距离带电体安全距离不足

D. 接引线工作未佩戴护目镜

E. 未正确使用安全带

5. 图 5-52 中存在哪些违章行为：（　　　）。

图 5-52

A. 斗内电工未正确使用绝缘安全带

B. 斗内电工未正确穿戴绝缘披肩

C. 斗内电工未正确穿戴绝缘手套

D. 斗内电工未正确佩戴安全帽

6. 杆塔作业应禁止以下行为：（   ）。

A. 攀登杆基未完全牢固或未做好临时拉线的新立杆塔

B. 携带器材登杆或在杆塔上移位

C. 利用绳索、拉线上下杆塔

D. 顺杆下滑

7. 对于因（   ）带电线路、设备导致检修线路或设备可能产生感应电压时，应加装接地线或使用个人保安线。

A. 交叉跨越　　　　B. 接触　　　　　　C. 平行　　　　　　D. 邻近

8. 配电工作票批准的检修时间为（   ）批准的开工至完工时间。

A. 运维检修部　　　　　　　　　B. 调度控制中心

C. 设备运行管理单位　　　　　　D. 设备运维管理单位

9. 关于带电作业监护，下列说法正确的是：（   ）。

A. 监护人不得直接操作

B. 监护范围不得超过一个作业点

C. 复杂或高杆塔作业，必要时应增设专责监护人

D. 带电作业应有人监护

10. 现场勘察后，现场勘察记录应送交（   ）及相关各方，作为填写、签发工作票等的依据。

A. 工作票签发人　　B. 工作许可人　　C. 工作负责人　　D. 施工负责人

三、判断题（对的打"√"，错的打"×"，20题，每题2分，共40分）

1. 降雨时，只要雨不大，可以视情况开展带电作业。（   ）

2. 图5-53中，斗内两人的作业行为是错误的。（   ）

图5-53

3. 绝缘子的主要作用是支持和固定导线。（　　）

4. 图 5-54 中现场一相导线已 T 接，作业人员的行为是规范的。（　　）

图 5-54

5. 图 5-55 中，现场断路器或熔断器未分闸，作业人员的行为是错误的。（　　）

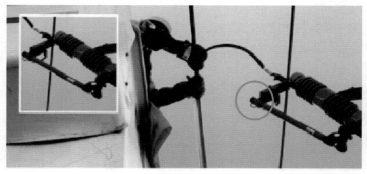

图 5-55

6. 图 5-56 中存在的违章行为是起重作业时吊车支腿枕木倾斜。（　　）

图 5-56

7. 图 5-57 中放紧线需要打反向临时拉线。(　　　)

图 5-57

8. 禁止作业人员擅自变更工作票中指定的接地线位置。(　　　)

9. 若线路上有人工作，应悬挂"禁止合闸，有人工作！"标示牌。(　　　)

10. 铁芯是变压器的磁路，又是变压器的机械骨架。(　　　)

11. 在带电设备周围可以使用皮卷尺和线尺进行测量。(　　　)

12. 绝缘操作杆、验电器和测量杆使用时，作业人员的手不得越过护环或手持部分的界限。(　　　)

13. 导线架设包括架线前准备工作、放线、导线连接、紧线、弧垂观测等工序。(　　　)

14. 作业人员在作业过程中，应随时检查安全带是否挂牢。(　　　)

15. 测量电压时，应将万用表并联在被测电路中。(　　　)

16. 配电变压器及附件的常见缺陷不包括严重漏油或喷油，使油面下降到低于油位计的指示限度。(　　　)

17. 配电站、开闭所、箱式变电站的门应朝向内开。(　　　)

18. 拉跌落式熔断器、隔离开关（刀闸），应先拉开两边相，后拉开中相。合跌落式熔断器、隔离开关（刀闸）的顺序与此相反。(　　　)

19. 有总断路器（开关）和分路断路器（开关）的回路停电，应先断开总路断路器（开关），后断开分断路器（开关）。送电操作顺序与此相反。(　　　)

20. 高空作业车（带斗臂）使用前应在预定位置空斗试操作一次。(　　　)

【参考答案】

一、单选题

1.A 2.C 3.B 4.A 5.A 6.B 7.B 8.B 9.A 10.A 11.A 12.B 13.C
14.A 15.B 16.C 17.D 18.A 19.C 20.B

二、多选题

1.BCD 2.AB 3.AB 4.ABCDE 5.ABC 6.ABCD 7.ACD 8.BD
9.ABCD 10.AC

三、判断题

1.× 2.√ 3.× 4.× 5.√ 6.√ 7.× 8.√ 9.× 10.√ 11.× 12.√
13.√ 14.× 15.√ 16.× 17.× 18.× 19.× 20.√

二、配电运维与检修

配电运维与检修专业模拟题
（50题，单选20题，多选10题，判断20题）

一、单选题（20题，每题2分，共40分）

1. 图5-58中存在哪种违章行为：（   ）。

图5-58

A. 叉车作业未使用枕木　　　　　　B. 施工机械未安装接地线

C. 作业人员在重物下方通过　　　　D. 作业未设置监护人

2. 图 5-59 中的作业人员应具备哪类作业证件：（　　　）。

图 5-59

A. 特种设备作业

B. 高压电工作业证

C. 危险化学品作业

D. 低压电工作业证

3. 图 5-60 中红线标示部分存在哪种违章行为：（　　　）。

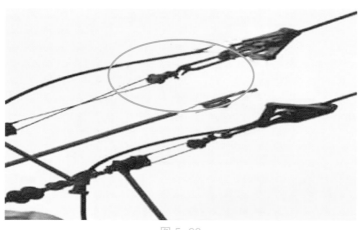

图 5-60

A. 链条葫芦挂钩闭锁失效

B. 合金线夹脱落

C. 未使用专用工具挂线

D. 未安装防误操作闭锁装置

4. 同一单位的同一场所、设备、线路等，由于同一原因，在 24 小时内发生多次故障构成事故时，（　　　）。

A. 最多统计两次事故

B. 最多统计三次事故

C. 可不统计事故

D. 可统计为一次事故

5. 图 5-61 为跨越道路放紧线工作，应安排专人（　　　　）。

图 5-61

A. 停送电　　　　　　B. 办理工作票　　　C. 看守并引导交通　D. 放电

6. 已投运的 10kV 线路电杆上安装爬梯，未在风控系统中报送作业计划属于（　　　）。

A. Ⅰ类严重违章　　　B. Ⅱ类严重违章　　　C. Ⅲ类严重违章　　　D. 一般违章

7. 图 5-62 中待组立钢管塔一端被吊离地面，人员进入钢管塔正下方安装爬梯，存在（　　　）风险。

图 5-62

A. 触电　　　　　　　B. 交通伤害　　　　　C. 重物坠落伤人　　　D. 高空坠落

8. 图 5-63 中存在哪种违章行为：（　　　）。

图 5-63

A. 未安排专人收尾绳

B. 起吊 JP 柜过程中，使用施工材料代替卸扣

C. 绞磨未使用地锚

D. 未设置枕木

9. 图 5-64 所示工作过程中应始终保持视频球机在（　　）状态。

图 5-64

A. 开机在线　　　　　B. 关闭　　　　　　　C. 专人看护　　　　D. 专人守护

10. 图 5-65 中红线标示部分存在哪种违章行为:（　　）。

图 5-65

A. 吊车接地线的连接点不牢固

B. 工器具无编号、合格证标签

C. 放线区段跨越架无验收记录牌

D. 现场使用的接地极与接地铜线连接不符合要求

11. 工作人员在现场工作过程中，凡遇到异常情况（如直流系统接地等）或断路器（开关）跳闸时，不论是否与本工作有关，都应立即（　　），保持现状。

A. 停止工作　　　　B. 报告运维人员　　C. 报告领导　　　　D. 报告调控人员

12. 电流互感器和电压互感器的二次绕组应有（　　）永久性的、可靠的保护接地。

A. 一点且仅有一点　B. 两点　　　　　　C. 多点　　　　　　D. 至少一点

13. 配电变压器柜的（　　）应有防误入带电间隔的措施，新设备应安装防误入带电间隔闭锁装置。

A. 柜体　　　　　　B. 后盖　　　　　　C. 柜门　　　　　　D. 操作把手

14. 禁止作业人员越过（　　）的线路对上层线路、远侧进行验电。

A. 未停电　　　　　B. 未经验电、接地　C. 未经验电　　　　D. 未停电、接地

15. 在继电保护、配电自动化装置、安全自动装置和仪表及自动化监控系统屏间的通道上安放试验设备时，（　　），要与运行设备保持一定距离，防止事故处理时通道不畅。

A. 不能堆放　　　　　　　　　　　　B. 不能阻塞通道

C. 得到值班员同意　　　　　　　　　D. 应放在指定地点

16. 接地线应使用专用的线夹固定在导体上，禁止用（　　）的方法接地或短路。

A. 压接　　　　　　B. 缠绕　　　　　　C. 固定　　　　　　D. 熔接

17. 因试验需要解开设备接头时，解开前应（　　），重新连接后应检查。

A. 检查设备　　　　B. 做好记录　　　　C. 落实监护人　　　D. 做好标记

18. 电缆施工作业完成后应（　　）穿越过的孔洞。

A. 填埋　　　　　　B. 封堵　　　　　　C. 密封　　　　　　D. 浇注

19. 高压试验不得少于（　　），试验负责人应由有经验的人员担任。

A.1 人　　　　　　B.2 人　　　　　　C.3 人　　　　　　D.4 人

20. 使用单梯工作时，梯与地面的斜角度约为（　　）。

A.60°　　　　　　B.40°　　　　　　C.30°　　　　　　D.45°

二、多选题（10 题，每题 2 分，共 20 分）

1. 图 5-66 中存在哪些违章行为：（　　）。

A. 吊装作业中使用金具 U 形环代替卸扣　B. 金具 U 形环横向受力

C. 滑轮未闭锁　　　　　　　　　　　D. 链条葫芦卡涩

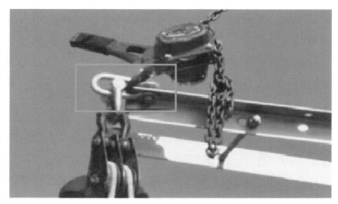

图 5-66

2. 成套接地线使用前应检查确认完好，禁止使用（ ）的接地线。

A. 绞线松股　　　　B. 绞线断股　　　　C. 护套严重破损　　D. 夹具断裂松动

3. 电缆故障声测定点时，禁止直接用手触摸（ ），以免触电。

A. 电缆外皮　　　　B. 电缆支架　　　　C. 冒烟小洞　　　　D. 电缆管道

4. 现场有人作业时，工作负责人禁止从事下列哪些工作：（ ）。

A. 提前在风控系统中点击收工

B. 关闭球机

C. 在未履行工作负责人变更的情况下离开作业现场

D. 允许作业人员随意工作

5. 图 5-67 中存在哪些违章行为：（ ）。

图 5-67

A. 无人扶梯　　　　　　　　　　　　B. 现场未设置安全围栏

C. 梯子倾斜角度大于 60°　　　　　　D. 无人监护

6. 使用临时拉线的安全要求有：（　　　）。

A. 不得利用树木作受力桩

B. 一个锚桩上的临时拉线不得超过 3 根

C. 临时拉线不得固定在有可能移动的物体上

D. 临时拉线绑扎工作应由有经验的人员担任

7. 停电检修的线路若在另一回线路的上面，而又必须在该线路不停电情况下进行放松或架设导线、更换绝缘子等工作时，应（　　　）。

A. 采取作业人员充分讨论后经批准执行的安全措施

B. 保证检修线路的导、地线牵引绳索等与带电线路的导线应保持规定的安全距离

C. 应采取防止导线跳动或过牵引与带电线路接近至规定的安全距离的措施

D. 要有防止导、地线脱落、滑跑的后备保护措施

8. 带负荷更换高压隔离开关（刀闸）、跌落式熔断器，安装绝缘分流线时应有防止（　　　）的措施。

A. 跌落式熔断器意外合上　　　　　　B. 高压隔离开关（刀闸）意外合上

C. 高压隔离开关（刀闸）意外断开　　D. 跌落式熔断器意外断开

9. 二次回路通电或耐压试验前，应（　　　）后，方可加压。

A. 通知调控人员

B. 通知运维人员和其他有关人员

C. 派专人到现场看守

D. 检查二次回路及一次设备上确无人工作

10. （　　　）的二次回路变动时，应及时更改图纸，并按经审批后的图纸进行。

A. 继电保护装置　　　　　　　　　　B. 配电自动化装置

C. 安全自动装置和仪表　　　　　　　D. 自动化监控系统

三、判断题（对的打"√"，错的打"×"，20 题，每题 2 分，共 40 分）

1. 现场执行的工作票中装设接地线位置的线路名称与现场杆号牌描述不一致为一般违章。（　　　）

2. 工作班组的现场操作，在完成操作后应做好记录。（　　　）

3. 图 5-68 所示着装的作业人员进入作业现场，工作负责人应该劝离。（　　　）

图 5-68

4. 杆塔施工过程需要采用临时拉线过夜时，应对临时拉线采取加固和防盗措施。（　　　）

5. 图 5-69 中剪线钳长时间浮搁在横担上，未进行绑扎固定，有坠落伤人风险。（　　　）

图 5-69

6. 图 5-70 中正在进行立杆作业，无需监理人员旁站监督。（　　　）

图 5-70

7. 图 5-71 所示作业人员工作服和安全帽穿戴规范。（　　　）

图 5-71

8. 图 5-72 中作业人员未穿绝缘鞋和全棉长袖成套工作服。（　　　）

图 5-72

9. 图 5-73 中作业无需设置"在此工作"标识牌。（　　　）。

图 5-73

10. 图 5-74 中作业班组使用的卸扣符合规定。（　　　）

图 5-74

11. 高压验电时，使用伸缩式验电器，绝缘棒应拉到位，验电时手应握在绝缘棒处，不得超过护环，宜戴绝缘手套。（　　　）

12. 配电工作许可人不包括用户变（配）电站运维人员。（　　　）

13. 配电线路、设备停电时，对不能直接在地面操作的断路器（开关）、隔离开关（刀闸）的操动机构应加锁。（　　　）

14. 二次设备箱体应可靠接地且接地电阻应满足要求。（　　　）

15. 高压侧核相宜采用无线核相器。（　　　）

16. 大风天气巡线，应沿线路上风侧前进，以免触及断落的导线。事故巡视应始终认为线路带电，保持安全距离。夜间巡线，应沿线路内侧进行。（　　　）

17. 独立抱杆至少应有四根缆风绳，人字抱杆至少应有两根缆风绳并有限制腿部开度的控制绳。（　　　）

18. 在杆塔上使用梯子或临时工作平台，应将两端与固定物可靠连接，一般应由两人在其上作业。（　　　）

19. 电缆沟的盖板开启后应自然通风一段时间，经检测合格后方可下井沟工作。（　　　）

20. 监护操作时，应由对设备较为熟悉者作操作人。（　　　）

【参考答案】
一、单选题

1.C　2.B　3.A　4.D　5.C　6.A　7.C　8.B　9.A　10.A　11.A　12.A　13.C

14.B 15.B 16.B 17.D 18.B 19.B 20.A

二、多选题

1.AB 2.ABCD 3.AC 4.ABCD 5.ABCD 6.ACD 7.ABD 8.CD
9.BCD 10.ABCD

三、判断题

1.× 2.× 3.√ 4.√ 5.× 6.× 7.× 8.√ 9.× 10.× 11.× 12.×
13.× 14.√ 15.√ 16.× 17.√ 18.× 19.√ 20.×

三、配网工程

配网工程专业模拟题
（50题，单选20题，多选10题，判断20题）

一、单选题（20题，每题2分，共40分）

1. 图5-75中红线标示部分存在哪种违章行为：（   ）。

图 5-75

A. 特殊天气使用脚扣   B. 脚扣浮搁

C. 使用不合格脚扣   D. 未使用安全带

2. 图5-76中红线标示部分存在哪种违章行为：（   ）。

A. 验电未佩戴绝缘手套   B. 未使用试验合格的绝缘棒

C. 未将绝缘绳索固定   D. 未佩戴安全帽进行作业

图 5-76

3. 图 5-77 中红线标示部分存在哪种违章行为：（　　　）。

图 5-77

A. 基坑坍塌 　　　　　　　　　　　　B. 未设置安全带

C. 未设置安全围栏 　　　　　　　　　D. 电杆倾斜严重

4. 图 5-78 中存在哪种违章行为：（　　　）。

图 5-78

A. 未使用缆风绳　　　　　　　　B. 缆风绳分布不合理

C. 缆风绳受力不均匀　　　　　　D. 缆风绳破损严重

5. 图 5-79 中红线标示部分存在哪种违章行为:(　　　)。

图 5-79

A. 临时拉线未保持安全距离　　　B. 临时拉线绑扎在永久拉线马蹄卡上

C. 未支好架杆　　　　　　　　　D. 临时拉线方向相反

6. 图 5-80 中红线标示部分存在哪种违章行为:(　　　)。

图 5-80

A. 物件未绑扎牢固　　　　　　　B. 未将扳手绑扎在吊钩上

C. 工具包未绑扎,放在拉线的马蹄卡上　D. 作业人员未戴安全帽

7. 针对配电网施工中的临时拉线设置,以下说法不正确的是:(　　　)。

A. 使用铁塔的配电线路,在紧线时可不装设临时拉线

B. 在水泥电杆上展放导线前,应在放线起始杆安装一组反方向的临时拉线

C. 导线紧线前,应在紧线端的横担两端分别安装一组反方向临时拉线

D. 导线拆除前,应在导线开断侧安装一组临时拉线

8. 高压开关柜前后间隔没有可靠隔离的，工作时应（　　　）。

A. 同时停电　　　　　B. 加强监护　　　　　C. 装设围栏　　　　　D. 加装绝缘挡板

9. 三相避雷器底部应使用（　　　）导线短接。

A.BV–25 mm　　　　B.BV–35 mm　　　　C.BV–50 mm　　　　D.JKLYJ–35 mm

10. 图 5–81 中存在哪种违章行为：（　　　）。

图 5–81

A. 挖机挖斗位置太高　　　　　　　　B. 挖机挖斗与钢丝绳形成切割面

C. 挖机上没有鲜明的色彩标志　　　　D. 未使用枕木

11. 图 5–82 中红线标示部分存在哪种违章行为：（　　　）。

图 5–82

A. 高空作业短时失去保护　　　　　　B. 施工工器具在临空处未绑扎

C. 紧线器闭锁损坏　　　　　　　　　D. 作业人员未戴安全帽

12. 铁塔组立三段后，将地脚螺栓（　　　），防止螺母被盗，并留有松开调整的余地，铁塔组立完成后将地脚螺母紧固到位，双母并紧。

  A. 用防盗螺母 B. 头部打毛 C. 水泥固封 D. 校核无误

13. 放线、紧线与撤线时，作业人员不应站在或跨在已受力的牵引绳、导线的（　　　），展放的导线圈内以及牵引绳或架空线的垂直下方。

  A. 外角侧 B. 内角侧 C. 上方 D. 受力侧

14. （　　　）采用突然剪断导线的做法松线。

  A. 原则上不得 B. 可以 C. 禁止 D. 在保障安全前提下可以

15. 架空绝缘导线不得视为（　　　）。

  A. 绝缘设备 B. 导电设备 C. 承力设备 D. 载流设备

16. 邻近带电导线的工作应使用绝缘无极绳索，风力应小于（　　　），并设专人监护。

  A.4 级 B.5 级 C.6 级 D.7 级

17. 在带电杆塔上进行测量、防腐、巡视检查、紧杆塔螺栓、清除杆塔上异物等工作，风力应小于（　　　）。

  A.6 级 B.5 级 C.4 级 D.3 级

18. 配电工作，需要将高压线路、设备停电或做安全措施者，应填用（　　　）。

  A. 配电线路第一种工作票   B. 配电线路第二种工作票

  C. 配电第一种工作票   D. 配电第二种工作票

19. 在配电站或高压室内搬动梯子、管子等长物，应（　　　），并与带电部分保持足够的安全距离。

  A. 放倒，由两人搬运   B. 放倒，由一人搬运

  C. 一人水平搬运   D. 两人水平搬运

20. 低压配电网中的开断设备应易于操作，并有明显的（　　　）指示。

  A. 仪表 B. 信号 C. 开断 D. 机械

二、多选题（10 题，每题 2 分，共 20 分）

1. 禁止使用（　　　）的脚扣和登高板。

  A. 金属部分变形 B. 绳（带）损伤 C. 绝缘 D. 防护

2. 图 5-83 中存在哪些违章行为：（　　　）。

图 5–83

A. 绞磨机传动装置无防护罩　　　　　B. 绞磨机收尾绳人员不足两人

C. 留绳人员站位错误　　　　　　　　D. 未设置安全围栏

3. 图 5-84 中接地线（　　），没有使用（　　）线夹固定在导体上。

图 5–84

A. 线圈离地　　　　B. 缠绕接地　　　　C. 专用　　　　D. 普通

4. 图 5-85 中作业人员工作时，应戴（　　），并保持对地绝缘。

图 5–85

A. 安全带　　　　B. 安全帽　　　　C. 绝缘手套　　　　D. 护目镜

5. 图 5-86 中存在哪些违章行为：（　　　）。

图 5-86

A. 未穿全棉工作服　　　　　　　　B. 高处作业无人扶梯

C. 未穿绝缘鞋　　　　　　　　　　D. 未使用绝缘梯

6. 图 5-87 中存在哪些违章行为：（　　　）。

图 5-87

A. 未使用安全带后备绳　　　　　　B. 无人扶梯

C. 安全带未拴牢　　　　　　　　　D. 高空抛物

7. 箱式变电站停电工作前，应断开所有可能送电到箱式变电站的线路的（　　　），验电、接地后，方可进行箱式变电站的高压设备工作。

A. 断路器（开关）　　　　　　　　B. 负荷开关

C. 隔离开关（刀闸）　　　　　　　D. 熔断器

8. 装设同杆（塔）塔架设的多层电力线路接地线，应（　　　）。

A. 先装设低压、后装设高压　　　　B. 先装设下层、后装设上层

C. 先装设近侧、后装设远侧　　　　D. 先装设高压、后装设低压

9. 绞磨在作业前应检查和试车，确认（　　　）后方可使用。

A. 外观整洁　　　　B. 安置稳固　　　　C. 运行正常　　　　D. 制动可靠

10. 下列选项中属于工作负责人安全责任的有：（　　　）。

A. 确认工作票上所列安全措施正确完备

B. 检查工作票所列安全措施是否正确完备，是否符合现场实际条件，必要时予以补充完善

C. 监督工作班成员遵守规程、正确使用劳动防护用品和安全工器具以及执行现场安全措施

D. 监督被监护人员遵守规程和执行现场安全措施，及时纠正被监护人员的不安全行为

三、判断题（对的打"√"，错的打"×"，20题，每题2分，共40分）

1. 图 5-88 中作业人员的行为符合规范。（　　　）

图 5-88

2. 图 5-89 中作业现场符合规范。（　　　）

图 5-89

3. 图 5-90 中的梯子符合作业规范。（　　　）

图 5-90

4. 图 5-91 中存在的违章行为是杆上有人作业时，地面人员调整拉线。（　　　）

图 5-91

5. 图 5-92 中临时拉线固定的位置符合规范。（　　　）

图 5-92

6. 图 5-93 中绑扎处应衬垫软物。（　　　）

图 5-93

7. 图 5-94 中吊装作业过程中，吊车操作人员可以离开操作室。（　　　）

图 5-94

8. 图 5-95 中杆上两人同时工作，无需设置地面专人监护。（　　　）

图 5-95

9. 不得利用水泥杆、树木或外露岩石等承力大小不明物体作为主要受力钢丝绳的地锚。（　　）

10. 开工前，工作负责人或工作票签发人应重新核对现场勘察情况，发现与原勘察情况有变化时，应重新填写、签发工作票。（　　）

11. 填用配电第一种工作票的工作有：配电工作，需要将高压线路、设备停电者。（　　）

12. 工作时人身与 10kV 带电体的距离为 0.35 m 时，应采取带电作业方式。（　　）

13. 低压配电工作，不需要将低压线路、设备停电或做安全措施者，应填用低压工作票。（　　）

14. 卡线器规格、材质应与线材的规格、材质相匹配。（　　）

15. 绞磨应放置平稳，锚固应可靠，受力后方不得有人，锚固绳应有防滑动措施，并可靠接地。（　　）

16. 一张工作票中，工作票签发人、工作许可人和工作负责人三者不得为同一人。（　　）

17. 同一天在几处同类型高压配电站、开闭所、箱式变电站、柱上变压器等配电设备上同时进行的同类型停电工作，可使用一张配电第一种工作票。（　　）

18. 配电站、开闭所的环网柜可以在低负荷的状态下更换熔断器。（　　）

19. 在水泥电杆上展放导线前，应在放线终端杆安装一组反方向的临时拉线。（　　）

20. 工作地点应停电的线路和设备包括工作地段内有可能反送电的各分支线（包括用户）。（　　）

【参考答案】

一、单选题

1.B　2.A　3.C　4.A　5.B　6.C　7.A　8.A　9.A　10.B　11.C　12.B　13.B　14.C　15.A　16.B　17.B　18.C　19.A　20.C

二、多选题

1.AB　2.BCD　3.BC　4.CD　5.ABCD　6.AB　7.ABCD　8.ABC　9.BCD　10.BC

三、判断题

1. ×　2. √　3. ×　4. ×　5. ×　6. √　7. ×　8. ×　9. √　10. ×　11. ×　12. ×
13. ×　14. √　15. ×　16. √　17. ×　18. ×　19. ×　20. √

第五节　直流专业准入考试模拟卷

直流专业模拟题
（50题，单选20题，多选10题，判断20题）

一、单选题（20题，每题2分，共40分）

1. （　　）及电容器接地前应逐相充分放电。

A. 避雷器　　　　　　B. 电缆　　　　　　C. 导线　　　　　　D. 变压器

2. （　　）故障是直流输电系统由于触发脉冲或门极控制回路的故障所引起。

A. 换相失败　　　B. 误开通　　　　C. 不开通　　　　D. 阀短路

3. 换流阀检测细则对环境要求包括：（　　）。

A. 温度、湿度等环境条件应符合制造商要求

B. 现场区域不用考虑安全距离

C. 阀厅可打开

D. 湿度高于制造商规定值

4. 换流站内，运行中高压直流系统直流场中性区域设备、站内临时接地极、接地极线路及接地极均应视为（　　）。

A. 非带电体　　　B. 带电体　　　　C. 部分带电体　　　D. 绝缘体

5. 同一直流系统两端换流站间发生系统通信故障时，两换流站间的操作应根据（　　）的指令配合执行。

A. 工作负责人　　B. 值班调控人员　　C. 主管领导　　　D. 专责监护人

6. 换流站直流系统应采用程序操作，如程序操作不成功，在查明原因并经值班调控人员许可后可进行（　　）操作。

A. 遥控步进　　　B. 就地　　　　　C. 监护　　　　　D. 检修人员

7. 验电时应使用（　　），在装设接地线或合接地刀闸（装置）处对各相分

别验电。

A. 不小于相应电压等级且合格的感应式验电器

B. 相应电压等级且合格的接触式验电器

C. 相应电压等级且合格的感应式验电器

D. 不小于相应电压等级且合格的接触式验电器

8. 若遇特殊情况需解锁操作，应经运维管理部门防误操作装置专责人或（　　　）的人员到现场核实无误并签字后，由运维人员告知当值调控人员，方能使用解锁工具（钥匙）。

A. 运维管理部门指定　　　　　　B. 调度控制中心指定

C. 调度控制中心指定并经书面公布　　D. 运维管理部门指定并经书面公布

9. 换流站消防应急照明系统蓄电池电源供电时的连续工作时间不应小于（　　　）。

A.0.5 h　　　　　　B.1 h　　　　　　C.1.5 h　　　　　　D.2 h

10. 高压室的钥匙至少应有（　　　），由运维人员负责保管，按值移交。

A.6 把　　　　　　B.5 把　　　　　　C.4 把　　　　　　D.3 把

11. 进行晶闸管（可控硅）高压试验前，应停止该阀塔内其他工作并撤离无关人员；试验时，作业人员应与试验带电体位保持（　　　）以上距离，试验人员禁止直接接触阀塔屏蔽罩，防止被可能产生的试验感应电伤害。

A.0.35 m　　　　　　B.0.7 m　　　　　　C.1.0 m　　　　　　D.1.5 m

12. 进入阀体前，应取下（　　　）和安全带上的保险钩，防止金属打击造成元件、光缆的损坏，但应注意防止高处坠落。

A. 安全帽　　　　　　B. 脚扣　　　　　　C. 手套　　　　　　D. 手表

13. 换流阀冷却系统、阀厅空调系统、火灾报警系统及图像监视系统等工作，需要将高压直流系统停用者应填用（　　　）工作票。

A. 第二种　　　　　　　　　　　　B. 带电作业

C. 第一种　　　　　　　　　　　　D. 二次工作安全措施

14. 用手接触换流变压器外壳，如有触电感，可能是（　　　）。

A. 线路接地引起　　B. 过负荷引起　　C. 线路故障　　　D. 外壳接触不良

15. 直流分压器电压采集模块功能异常可能造成直流低电压（　　　），引起极闭锁。

A. 误发信号　　　　　B. 保护误动　　　　C. 告警　　　　　D. 系统切换

16. 换流变压器可能的导致电荷累积的原因是（　　　）。

A. 负荷过重

B. 当纸板绝缘介质材料在多次分合闸时，介质表面出现束缚电荷

C. 换流变压器有渗漏

D. 换流变压器有生锈点

17. 换流站应每年至少进行（　　　）次主消防系统试喷试验。

A.0　　　　　　　　B.1　　　　　　　　C.2　　　　　　　　D.3

18. 换流变压器高压试验前应通知阀厅内高压穿墙套管侧试验无关人员撤离，并派专人（　　　）。

A. 值守　　　　　　B. 呼唱　　　　　　C. 监护　　　　　　D. 监护并呼唱

19. 直流输电系统正常运行时，人员进入阀厅巡视走道宜（　　　）。

A. 佩戴护目镜　　　B. 佩戴耳罩　　　　C. 穿防电弧服　　　D. 穿防静电服

20. 逆变电源整体更换工作开展前，先断开柜内各类（　　　）并确认无压。

A. 交直流电源　　　B. 直流电源　　　　C. 交流电源　　　　D. 绝缘连接

二、多选题（10题，每题2分，共20分）

1. 主循环泵解体检修安全注意事项有：（　　　）。

A. 检修前应确认主循环泵电源及安全开关已断开

B. 检修前应确认主循环泵进、出口阀门已全关

C. 进入检修区严禁吸烟和明火，需要动火的必须开具动火工作票，动火时禁止将氧气瓶与乙炔瓶堆放在一起

D. 人员带足够的安全防护用品

2. 应确保（　　　）与电力设备的高压部分保持足够的安全距离，且操作人员应使用绝缘垫。

A. 操作人员　　　B. 试验仪器　　　C. 试验电源　　　D. 接地线

3. 换流站一级防火区域有（　　　）。

A. 蓄电池室　　　B. 消防控制室　　　C. 设备室　　　　D. 油浸式变压器

4. 进入SF_6配电装置低位区或电缆沟进行工作，应先检测（　　　）是否合格。

A. 含氧量　　　B. 可燃气体含量　　　C.CO_2气体含量　　　D.SF_6气体含量

5. 换流变压器的绕组温度计进行更换时，需注意的安全事项包括：（　　　）。

A. 断开二次连接线

B. 应注意与带电设备保持足够的安全距离，准备充足的施工电源及照明

C. 高空作业严禁上下抛掷物品，应按规程使用安全带，安全带应挂在牢固的构件上，禁止低挂高用

D. 拆接作业使用工具袋，防止高处落物

6. 高压直流系统带线路空载加压试验前，以下做法正确的是：（　　　）。

A. 应确认对侧换流站相应的直流线路接地刀闸（地刀）、极母线出线隔离开关（刀闸）、金属回线隔离开关（刀闸）在拉开状态

B. 单极金属回线运行时，禁止对停运极进行空载加压试验

C. 背靠背高压直流系统一侧进行空载加压试验前，应检查另一侧换流变压器处于冷备用状态

D. 背靠背高压直流系统一侧进行空载加压试验前，应检查另一侧换流变压器处于热备用状态

7. 两组蓄电池的电缆应分别铺设在各自独立的通道内，尽量避免与交流电缆并排铺设，对无法设置独立通道的应采取（　　　）措施。

A. 阻燃　　　　　　B. 防爆　　　　　　C. 加隔离护板　　　D. 加隔离护套

8. 检修动力电源箱的支路开关都应加装剩余电流动作保护器（漏电保护器）并应定期（　　　）。

A. 检查　　　　　　B. 维护　　　　　　C. 切换　　　　　　D. 试验

9. 电气试验使用电压互感器进行工作时，应先将低压侧所有接线接好，然后用绝缘工具将电压互感器接到高压侧。工作时应（　　　），并应有专人监护。

A. 戴手套　　　　　B. 戴护目眼镜　　　C. 站在绝缘垫　　　D. 穿防电弧服

10. SF_6 气瓶应放置在（　　　）的专门场所，直立保存，并应远离热源和油污的地方。

A. 阴凉干燥　　　　B. 通风良好　　　　C. 敞开　　　　　　D. 密闭

三、判断题（对的打"√"，错的打"×"，20题，每题2分，共40分）

1. 有含油电气设备的户内直流开关场，灭火器配置时可按轻危险等级对待。（　　　）

2. 换流阀电流断续测试前、后任何人可以靠近或接触阀模块。（　　　）

3. 在运行中若必须进行中性点接地点断开的工作时，应先建立有效的旁路接地才可进行断开工作。（　　　）

4. 阀厅空调的进风口、出风口应各配置一台紫外火焰探测器。（　　　）

5. 若直流因非线路故障而闭锁，应立即将入地电流控制到安全限值或以下。（　　　）

6. 未装防误操作闭锁装置或闭锁装置失灵的刀闸手柄、阀厅大门和网门，应加挂机械锁。（　　　）

7. 换流阀水冷系统、阀厅空调系统、火灾报警系统及图像监视系统等工作，无需将高压直流系统停用者，应填用带电作业工作票。（　　　）

8. 直流系统运行期间，阀厅消防系统应投跳闸功能。（　　　）

9. 进入阀体前，应取下安全帽和安全带上的保险钩，防止金属打击造成元件、光缆的损坏，但应注意防止高处坠落。（　　　）

10. 换流站内，运行中高压直流系统直流场中性区域设备、站内临时接地极、接地极线路及接地极均应视为非带电体。（　　　）

11. 直流系统升降功率前应确认功率设定值不大于当前系统允许的最小功率，且不能超过当前系统允许的最大功率限制。（　　　）

12. 在进行倒负荷或解、并列操作前后，检查相关电源运行及负荷分配情况，不必填入操作票内。（　　　）

13. 阀厅火灾跳闸功能退出期间，应停运对应阀组。（　　　）

14. 监护操作时，其中一人对设备较为熟悉者作监护。特别重要和复杂的倒闸操作，由熟练的运维负责人操作，工区领导监护。（　　　）

15. 高压电气设备都应安装完善的防误操作闭锁装置。（　　　）

16. 设备检修时，回路中的各来电侧刀闸操作手柄和电动操作刀闸机构箱的箱门应加挂机械锁。（　　　）

17. 对未装防误操作闭锁装置或闭锁装置失灵的刀闸手柄、阀厅大门和网门，应加挂标示牌。（　　　）

18. 解锁工具（钥匙）使用后应在所有工作结束后再封存并做好记录。（　　　）

19. 换流变压器区域主消防系统在停电检修时，应由"自动"切为"手动"，检修完毕后切回"自动"模式，手动模式期间加强巡视。（　　　）

20. 部分停电的工作，是指高压设备部分停电，或室内虽全部停电，而通至邻接高压室的门并未全部闭锁的工作。（　　　）

【参考答案】

一、单选题

1.B 2.C 3.A 4.B 5.B 6.A 7.B 8.D 9.A 10.D 11.B 12.A 13.C
14.D 15.B 16.B 17.B 18.C 19.B 20.A

二、多选题

1.ABC 2.AB 3.ABCD 4.AD 5.ABCD 6.ABC 7.ABCD 8.AD
9.ABC 10.ABC

三、判断题

1.× 2.× 3.√ 4.× 5.× 6.√ 7.× 8.√ 9.√ 10.× 11.× 12.×
13.× 14.× 15.√ 16.√ 17.× 18.× 19.√ 20.√

第六节　信通专业准入考试模拟卷

一、通信运维与检修

通信运维与检修专业模拟题
（50题，单选20题，多选10题，判断20题）

一、单选题（20题，每题2分，共40分）

1. 工作结束，全部工作完毕后，工作班成员应（　　）工作过程中产生的临时
数据、临时账号等内容，确认电力通信系统运行正常，清扫、整理现场，全体工作
班成员撤离工作地点。

　　A. 删除　　　　　　B. 备份　　　　　　C. 记录　　　　　　D. 检查

2. 机房及相关设施的防雷及（　　）性能，应符合有关标准、规范的要求。

　　A. 防小动物　　　B. 防潮　　　　　　C. 接地　　　　　　D. 防盗

3. 电力通信工作票由（　　）填写，也可由工作票签发人填写。

　　A. 工作负责人　　B. 工作班成员　　　C. 工作许可人　　　D. 专责监护人

4. 电力通信工作若需变更或增设安全措施者，应办理新的（　　　）。

A. 电力二次工作票　　　　　　　　　B. 电力通信工作票

C. 变电二次工作票　　　　　　　　　D. 通信检修票

5. 电力通信网管巡视时应采用具有（　　　）级别的账号登录。

A. 网管维护员　　　　　　　　　　　B. 系统业务配置人员

C. 系统管理员　　　　　　　　　　　D. 超级管理员

6. 安装电力通信设备前，宜对机房作业现场基本条件、电力通信电源（　　　）等是否符合安全要求进行现场勘察。

A. 负载能力　　　　B. 温度　　　　C. 电流　　　　D. 耐压能力

7. 电力通信设备（　　　）应使用合格的工器具和材料。

A. 清洗　　　　B. 除尘　　　　C. 加电　　　　D. 开通

8. 在断开微波、卫星、无线专网等无线设备的天线与馈线的连接前，应关闭（　　　）单元。

A. 滤波　　　　B. 接收　　　　C. 发射　　　　D. 调制

9. 使用尾纤（　　　）光口，发光功率过大时，应串入合适的衰耗（减）器。

A. 连接　　　　B. 自环　　　　C. 测量　　　　D. 测试

10. 测量电力通信信号，应在仪表（　　　）范围内进行。

A. 测量　　　　B. 灵敏度　　　　C. 量程　　　　D. 耐压

11. 电力通信网管检修工作开始前，应对可能受到影响的配置数据、应用数据等进行（　　　）。

A. 备份　　　　B. 上载　　　　C. 修改　　　　D. 下载

12. 电力通信网管的数据备份应使用（　　　）的外接存储设备。

A. 单独　　　　B. 个人　　　　C. 班组　　　　D. 专用

13. 配置旁路检修开关的不间断电源设备检修时，应严格执行停机及（　　　）顺序。

A. 送电　　　　B. 关机　　　　C. 开机　　　　D. 断电

14. 电源设备断电检修前，应确认负载已（　　　）或关闭。

A. 加电　　　　B. 连接　　　　C. 运行　　　　D. 转移

15.（　　　）投退时，应及时更新业务标识标签和相关资料。

A. 业务通道　　　　B. 设备　　　　C. 系统　　　　D. 站点

16. 检修过程中发生数据异常或丢失，应进行（　　　）操作，并确认恢复操作后电力通信网管系统运行正常。

  A. 恢复   B. 备份   C. 录入   D. 存档

  17. 电力通信网管维护工作不得通过互联网等（ ）实施。禁止从任何公共网络直接接入电力通信网管系统。

  A. 公共网络   B. 内网网络   C. 外网网络   D. 私有网络

  18. 通信蓄电池组核对性放电试验周期不得超过 2 年，运行年限超过（ ）年的蓄电池组，应每年进行一次核对性放电试验。

  A.1   B.2   C.3   D.4

  19. 巡视时未经批准，不得更改、清除电力通信系统或机房动力环境（ ）。

  A. 告警信息   B. 提示信息   C. 配置信息   D. 设备信息

  20. 填用电力通信工作票的工作，工作负责人应得到工作许可人的许可，并确认电力通信工作票所列的（ ）全部完成后，方可开始工作。

  A. 安全措施   B. 组织措施   C. 应急措施   D. 技术措施

二、多选题（10 题，每题 2 分，共 20 分）

  1. 在电力通信系统上工作，保证安全的技术措施有（ ）。

  A. 授权   B. 鉴别   C. 验证   D. 接地

  2. 电力通信网管巡视时应采用具有网管维护员级别的账号登录，不应采用（ ）级别或（ ）级别的账号登录。

  A. 系统管理员   B. 系统业务配置人员 C. 班组长   D. 分管领导

  3. 安装电力通信设备前，宜对（ ）等是否符合安全要求进行现场勘察。

  A. 机房作业现场基本条件   B. 电力通信电源负载能力

  C. 有限空间内气体含量   D. 接地保护范围

  4. 设备通电前，应验证供电线缆（ ）。

  A. 极性   B. 输入电压   C. 线径   D. 线序

  5. 存放设备板卡宜采用（ ）等防静电包装。

  A. 防静电屏蔽袋   B. 防静电吸塑盒   C. 塑料袋   D. 纸箱

  6. 电力通信设备除尘应使用合格的（ ）。

  A. 工器具   B. 材料   C. 吸尘器   D. 吹灰机

  7. 敷设电力通信光缆前，宜对光缆（ ）等是否符合安全要求进行现场勘察。

  A. 路由走向   B. 敷设位置   C. 接续点环境   D. 配套金具

8. 检修过程中发生数据（　　　），应进行恢复操作，并确认恢复操作后电力通信网管系统运行正常。

A. 异常　　　　　　　B. 错误　　　　　　　C. 丢失　　　　　　　D. 变化

9. 电力通信系统是指用以完成电力系统（　　　）等活动中所需各种信息传输与交换的技术系统的总称。

A. 运行　　　　　　　B. 经营　　　　　　　C. 管理　　　　　　　D. 抢修

10. 电力通信网管的（　　　）应按需分配，不得使用开发或测试环境设置的账号。

A. 接口　　　　　　　B. 密码　　　　　　　C. 账号　　　　　　　D. 权限

三、判断题（对的打"√"，错的打"×"，20 题，每题 2 分，共 40 分）

1. 在双电源配置的站点，具备双电源接入功能的通信设备应由两套电源独立供电。两套电源负载侧可以形成并联。（　　　）

2. 需其他调度机构或运行单位配合布置安全措施的工作，工作许可人应与配合检修的调度机构或运行单位值班人员确认后，方可办理电力通信工作票终结。（　　　）

3. 检修前，应确认电力通信网运行中无其他影响本次检修的异常情况。（　　　）

4. 安装电力通信设备前，宜对机房作业现场基本条件、电力通信电源负载能力等是否符合安全要求进行现场勘察。（　　　）

5. 测量电力通信信号，应在仪表量程范围内进行。（　　　）

6. 电力通信工作票由工作负责人填写，也可由工作班成员填写。（　　　）

7. 展放光缆的牵引力不得超过光缆的承受标准。（　　　）

8. 在竖井、桥架、沟道、管道、隧道内敷设光缆时，应有防止光缆损伤的防护措施。（　　　）

9. 电力通信网管切换试验前，应做好数据同步。（　　　）

10. 国家不鼓励关键信息基础设施以外的网络运营者自愿参与关键信息基础设施保护体系。（　　　）

11. 电力通信网管系统退出运行后，所有业务数据应妥善保存或销毁。（　　　）

12. 检修工作结束前，若已备份的数据发生变化，应重新备份。（　　　）

13. 不随一次电力线路敷（架）设的骨干通信光缆检修工作，可不必填用电力通信工作票。（　　　）

14. 电力通信网管的数据备份可以使用公用的外接存储设备。（　　　）

15. 电力通信网管的账号、权限应按需分配，可以使用开发或测试环境设置的

账号。（　　　）

16. 使用尾纤自环光口，发光功率过小时，应串入合适的衰耗（减）器。（　　　）

17. 电网调度机构与直调发电厂及重要变电站调度自动化实时业务信息的传输应具有两条不同路由的通信通道（主／备双通道）。（　　　）

18. 全部工作完毕后，工作人员确认电力通信系统运行正常，全体工作人员即可撤离工作地点。（　　　）

19. 工作前，只需对网管系统操作人员进行身份鉴别即可。（　　　）

20. 巡视时，发现电力通信系统或机房动力环境告警信息，可先更改、清除，再上报设备运维管理单位。（　　　）

【参考答案】

一、单选题

1.A　2.C　3.A　4.B　5.A　6.A　7.B　8.C　9.B　10.C　11.A　12.D　13.D 14.D　15.A　16.A　17.A　18.D　19.A　20.A

二、多选题

1.AC　2.AB　3.AB　4.AB　5.AB　6.AB　7.ABCD　8.AC　9.ABC　10.CD

三、判断题

1.×　2.√　3.√　4.√　5.√　6.×　7.√　8.√　9.√　10.×　11.√　12.√ 13.×　14.×　15.×　16.×　17.√　18.×　19.×　20.×

二、网络信息运维

网络信息运维专业模拟题
（50题，单选20题，多选10题，判断20题）

一、单选题（20题，每题2分，共40分）

1. 在信息系统上工作，保证安全的技术措施不包括（　　　）。

A. 授权　　　　　　B. 勘查　　　　　　C. 备份　　　　　　D. 验证

2. 工作前，作业人员应（　　　）和授权。

A. 测量体温　　　　　　　　　　B. 开展精神状态评估

C. 进行身份鉴别　　　　　　　　D. 上交介质

3. 信息系统应满足相应的信息安全（　　　）要求。

A. 安全防护　　　　B. 等级保护　　　　C. 安全加固　　　　D. 安全备案

4. 管理信息内网与外网之间、管理信息大区与生产控制大区之间的边界应采用国家电网认可的（　　　）进行安全隔离。

A. 防火墙　　　　B. 边界防火墙　　　　C. 隔离装置　　　　D. 安全设备

5. 现场使用的工器具、调试计算机（或其他专用设备）、外接存储设备、（　　　）等应符合有关安全要求。

A. 硬件工具　　　　B. 软件工具　　　　C. 信息通信工具　　D. 移动设备

6. 业务系统上线前，应在（　　　）进行安全测试，并取得检测合格报告。

A. 测试机构　　　　　　　　　　　B. 信息安全机构

C. 具有资质的测试机构　　　　　　D. 信息化管理部门

7. 数据库投运前，应按需配置访问数据库的（　　　）。

A.IP 地址　　　　B. 用户　　　　C. 视图　　　　D. 表空间

8. 在信息系统上的工作，应按填用（　　　）、信息工作任务单以及使用其他书面记录或按口头、电话命令执行等方式进行。

A. 第一种工作票　B. 信息工作票　C. 信息操作票　D. 事故抢修单

9. 一、二类业务系统的版本升级、漏洞修复、数据操作等检修工作，应采用（　　　）方式进行。

A. 填用信息工作票　　　　　　　　B. 填用信息工作任务单

C. 使用其他书面记录　　　　　　　D. 按口头、电话命令执行

10. 工作票由信息运维单位（部门）签发，也可由经信息运维单位（部门）（　　　）的检修单位签发。

A. 审核合格　　　　B. 授权　　　　C. 批准　　　　D. 审核批准

11. 检修工作需其他调度机构配合布置安全措施时，应由工作许可人向（　　　）履行申请手续，并确认相关安全措施已完成后，方可办理工作许可手续。

A. 信息运维单位　　　　　　　　　B. 安全管理部门组

C. 业务主管部门　　　　　　　　　D. 相应调度机构

12. 主机设备或存储设备检修前，应根据需要（　　　）。

A. 备份运行参数　　　　　　　　　B. 恢复运行环境

C. 备份操作系统　　　　　　　　　D. 恢复操作系统

13. 管理信息大区业务系统使用（　　　）传输业务信息时，应具备接入认证、

加密等安全机制；接入信息内网时，应使用公司认可的接入认证、隔离、加密等安全措施。

A. 同轴电缆　　　　B. 光纤　　　　　　C. 网线　　　　　　D. 无线网络

14. 信息系统远程检修应使用（　　），并使用加密或专用的传输协议。检修宜通过具备运维审计功能的设备开展。

A. 任意计算机　　　B. 外网计算机　　　C. 运维专机　　　　D. 内网计算机

15. 需停电更换主机设备或存储设备的内部板卡等配件的工作，应（　　）外部电源连接线，并做好（　　）措施。

A. 断开；防静电　　B. 断开；防尘　　　C. 连接；防静电　　D. 连接；防尘

16. 终端设备及外围设备交由外部单位维修处理应经（　　）批准。

A. 使用部门　　　　　　　　　　　　B. 信息管理部门

C. 信息运维单位（部门）　　　　　　D. 安全管理部门

17. 网络中直接面向用户连接或访问的部分，允许终端用户连接到网络的设备是（　　）。

A. 核心层网络设备　　　　　　　　　B. 汇聚层网络设备

C. 接入层网络设备　　　　　　　　　D. 输出层网络设备

18. 下列（　　）项不属于信息系统运行工作范围。

A. 巡视检查　　　　　　　　　　　　B. 异常事件应急处置

C. 设备及台账管理　　　　　　　　　D. 电量核算

19. 管理信息内网与互联网等社会公用网络之间应有（　　）。

A. 物理隔离　　　　B. 逻辑隔离　　　　C 安全划分　　　　D. 安全防护

20.（　　）是指提供逻辑独立服务单位的实体或虚拟计算机，包括其附属的存储以及运行在该设备上的操作系统。

A. 存储设备　　　　B. 主机设备　　　　C. 安全设备　　　　D. 网络设备

二、多选题（10题，每题2分，共20分）

1. 信息系统出现（　　）情况之一，将被判定为八级信息系统事件。

A. 一类信息系统纵向贯通全部中断，且持续时间 2h 以上

B.10 万条业务数据或用户信息泄露、丢失或被窃取、篡改

C. 公司网站被篡改

D. 二类信息系统业务中断，且持续时间 8h 以上

2. 信息机房内的照明、温度、湿度（ ）应符合有关标准、规范的要求。

A. 加热系统　　　　B. 防静电设施　　　C. 消防系统　　　　D.GPS 定位系统

3. 在信息系统上工作，保证安全的技术措施包括（ ）。

A. 授权　　　　　　B. 交接密码　　　　C. 备份　　　　　　D. 验证

4. 机房及相关设施的（ ），应符合有关标准、规范的要求。

A. 接地电阻　　　　B. 过电压保护性能 C. 额定功率　　　　D. 额定电压

5. 某县供电公司进行信息机房不间断电源的检修工作，下列描述正确的是：（ ）。

A. 可填用信息工作票

B. 可填用信息工作任务单

C. 如不涉及设备停运，可以不办理工作票或者工作任务单

D. 是否需要办理工作票或信息工作任务单，视检修工作的复杂性和影响范围而定

6. 巡视时不得（ ）信息系统和机房动力环境告警信息。

A. 更改　　　　　　B. 涂改　　　　　　C. 清除　　　　　　D. 删除

7. 账号权限模块应具备（ ）的功能。

A. 弱口令校验

B. 超时退出

C. 非法登录次数限制、禁止账号自动登录

D. 定期更换口令

8. 信息系统远程检修应使用运维专机，并使用（ ）的传输协议。检修宜通过具备运维审计功能的设备开展。

A. 无线　　　　　　B. 可靠　　　　　　C. 加密　　　　　　D. 专用

9. 网络设备或安全设备检修工作结束前，应验证（ ）。

A. 设备是否正常　　　　　　　　　B. 配置文件完整备份

C. 所承载的业务是否运行正常　　　D. 配置策略符合要求

10. 存放设备板卡宜采用（ ）等防静电包装。

A. 防静电屏蔽袋　　B. 防静电吸塑盒　　C. 塑料袋　　　　　D. 纸箱

三、判断题（对的打"√"，错的打"×"，20 题，每题 2 分，共 40 分）

1. 在变（配）电站、发电厂、电力线路之外的其他场所开展电力通信工作时，在安全措施可靠、不会误碰其他运行设备和线路的情况下，经工作票签发人同意可

以单人工作。（　　　）

2. 电力通信网管巡视时可以采用系统管理员级别或系统业务配置人员级别的账号登录。（　　　）

3. 在电力通信设备上更换存储有运行数据的板件时，可直接进行更换。（　　　）

4. 电力通信网管维护时，可以通过公共网络直接接入电力通信网管系统。（　　　）

5. 检修工作完成后临时授权可保留，待下次检修时使用。（　　　）

6. 用户计算机系统运行速度缓慢，为了诊断系统问题，用户可临时禁用计算机上的防病毒、桌面管理软件。（　　　）

7. 在 4 级及以上的大风以及暴雨、雷电、冰雹、大雾、沙尘暴等恶劣天气下，应停止露天高处作业。（　　　）

8. 低压触电时，因触电者的身体是带电的，其鞋的绝缘也可能遭到破坏，救护人不得接触触电者的皮肤，也不能抓住他的鞋。（　　　）

9. 通信蓄电池组核对性放电试验周期不得超过 2 年，运行年限超过 4 年的蓄电池组，应每年进行一次核对性放电试验。（　　　）

10. 数据库检修前，应备份所有的业务数据、配置文件、日志文件等。（　　　）

11. 授权应基于权限最小化和权限分离的原则。（　　　）

12. 设备、业务系统经信息管理部门批准后即可接入公司网络。（　　　）

13. 管理信息大区业务系统禁止使用无线网络传输业务信息。（　　　）

14. 信息系统上线前，可以保留临时账号、临时数据，必须修改系统账号默认口令。（　　　）

15. 信息系统远程检修应使用内网终端，并使用加密或专用的传输协议。检修宜通过具备运维审计功能的设备开展。（　　　）

16. 配置旁路检修开关的不间断电源设备检修时，应严格执行停机及断电顺序。（　　　）

17. 终端设备用户应妥善保管账号及密码，不得随意授予他人。（　　　）

18. 禁止终端设备在管理信息内、外网之间交叉使用。（　　　）

19. 未经信息运维单位（部门）批准，严禁卸载或禁用计算机防病毒、桌面管理等安全防护软件。（　　　）

20. 信息系统检修是指根据运行工作需要，对信息系统进行部署、检查、维护、故障处理、消缺、变更、调试、测试、版本升级等工作。（　　　）

【参考答案】

一、单选题

1.B　2.C　3.B　4.C　5.B　6.C　7.A　8.B　9.A　10.D　11.D　12.A
13.D　14.C　15.A　16.C　17.C　18.D　19.B　20.B

二、多选题

1.BC　2.BC　3.ACD　4.AB　5.AB　6.AC　7.ABCD　8.CD　9.ACD
10.AB

三、判断题

1.√　2.×　3.×　4.×　5.×　6.×　7.×　8.√　9.×　10.×　11.√　12.×
13.×　14.×　15.×　16.√　17.√　18.√　19.√　20.√

第七节　调度专业准入考试模拟卷

一、地调

地调专业模拟题
（50题，单选20题，多选10题，判断20题）

一、单选题（20题，每题2分，共40分）

1.电气设备倒闸操作时，发令人和受令人应先互报单位和姓名，发布指令的全过程（包括对方复诵指令）和听取指令的报告时应（　　　）。

　　A.录音　　　　　　　　　　　　　　B.录音并做好记录

　　C.记录　　　　　　　　　　　　　　D.汇报

2.倒闸操作人员（包括监护人）应了解操作目的和操作顺序，对指令有疑问时应向（　　　）询问清楚无误后执行。

　　A.值班负责人　　　　B.发令人　　　　C.受令人　　　　D.班站长

3.遥控操作、程序操作的设备应满足有关（　　　）。

　　A.技术条件　　　　B.安全条件　　　　C.安全要求　　　　D.流程要求

4. 高低压侧均有电源的变压器送电时，一般应由（　　）充电。

A. 短路容量大的一侧　　　　　　　　B. 短路容量小的一侧

C. 高压侧　　　　　　　　　　　　　D. 低压侧

5. 进行电网合环操作前若发现两侧（　　）不同，则不允许操作。

A. 频率　　　　　B. 相位　　　　　C. 电压　　　　　D. 相角

6. 新变压器投入运行前冲击合闸（　　）次，大修后的变压器需冲击 3 次。

A.4　　　　　　　B.5　　　　　　　C.6　　　　　　　D.7

7. 母线隔离开关操作可以通过回接触点进行（　　）切换。

A. 信号回路　　　　B. 电压回路　　　　C. 电流回路　　　　D. 保护电源回路

8. 电力系统在发生事故后应尽快调整运行方式，以恢复到正常运行状态。必要时可采取拉闸限电等措施，以保证电力系统满足（　　）。

A. 动态稳定储备　　B. 静态稳定储备　　C. 稳定储备　　　　D. 安全稳定限额

9. 快速切除故障可有效减少加速功率，能有效地防止电网（　　）的破坏。

A. 静态稳定　　　　B. 暂态稳定　　　　C. 动态稳定　　　　D. 系统稳定

10. 电网发生事故时，按频率自动减负荷装置动作切除部分负荷，当电网频率恢复正常时，被切除的负荷（　　）送电。

A. 由安全自动装置自动恢复　　　　　B. 经单位领导指示后

C. 运行人员迅速自行　　　　　　　　D. 经值班调度员下令后

11. 调度操作指令执行完毕的标志是（　　）。

A. 汇报时间　　　　B. 汇报完成时间　　C. 操作结束时间　　D. 汇报操作完成

12. 电压互感器或电流互感器发生异常情况时，厂站值班员应（　　）。

A. 不用处理

B. 向调度员汇报，等待调度命令

C. 按现场规程规定自行处理，不需要汇报

D. 按现场规程规定进行处理，并向调度员汇报

13. 调度机构的"两票"是指（　　）。

A. 操作票、工作票　　　　　　　　　B. 操作票、检修票

C. 工作票、检修票　　　　　　　　　D. 第一种工作票、第二种工作票

14. 下列（　　）的报数方式为正确的。

A. 一、二、三、四、五、六、七、八、九、零

B. 么、二、三、四、伍、陆、拐、八、九、洞

C. 么、两、三、四、伍、陆、拐、八、九、洞

D. 么、二、三、四、伍、陆、七、八、九、洞

15. 变压器瓦斯保护动作原因是变压器（　　）。

A. 内部故障   B. 套管故障

C. 电压过高   D. 一、二次侧之间电流互感器故障

16. 交接班时间遇到正在进行的调度操作，应（　　）。

A. 在操作告一段落后，再进行交接班

B. 操作暂停，交接班结束后继续操作

C. 边进行操作，边交接班

D. 加快操作进度

17. 被调度的单位值班负责人在接受单位领导人发布的指令时，如涉及值班调度员的权限时，必须经（　　）的许可才能执行，但在现场事故处理规程内已有规定者除外。

A. 值班调度员   B. 单位领导   C. 自行决定   D. 无规定

18. 如果不考虑负荷电流和线路电阻，在大电流接地系统中发生接地短路时，下列说法正确的是（　　）。

A. 零序电流与零序电压反相   B. 零序电流落后零序电压 90°

C. 零序电流与零序电压同相   D. 零序电流超前零序电压 90°

19. 为躲过励磁涌流，变压器差动保护采用二次谐波制动，（　　）。

A. 二次谐波制动比越大，躲过励磁涌流的能力越强

B. 二次谐波制动比越大，躲过励磁涌流的能力越弱

C. 二次谐波制动比越大，躲空投时不平衡电流的能力越强

D. 二次谐波制动比越大，躲空投时不平衡电流的能力越弱

20. 为了限制故障的扩大，减轻设备的损坏，提高系统的稳定性，要求继电保护装置具有（　　）。

A. 灵敏性   B. 快速性   C. 可靠性   D. 选择性

二、多选题（10 题，每题 2 分，共 20 分）

1. 以下进行调度业务联系时的数字发音正确的有：（　　）。

A. "1" 发 "幺" 音   B. "2" 发 "两" 音

C. "7" 发 "拐" 音   D. "0" 发 "洞" 音

2. 下列属于恶性电气误操作的有：（　　　）。

A. 带电挂（合）接地线（接地开关）

B. 带负荷误拉（合）断路器（隔离开关）

C. 带接地线（接地开关）合断路器（隔离开关）

D. 带负荷误拉（合）隔离开关

3. 工作地点应停电的设备有：（　　　）。

A. 检修的设备

B. 在 35kV 及以下的设备处工作，安全距离虽大于作业人员工作中正常活动范围与设备带电部分的安全距离规定，但小于设备不停电时的安全距离规定，同时又无绝缘隔板、安全遮栏措施的设备

C. 带电部分在作业人员后面、两侧、上下，且无可靠安全措施的设备

D. 其他需要停电的设备

4. 检修设备和可能来电侧的断路器（开关）、隔离开关（刀闸）应（　　　），确保不会误送电。

A. 锁住隔离开关（刀闸）操作把手　　　　B. 断开保护出口压板

C. 断开控制电源　　　　　　　　　　　　D. 断开合闸能源

5. 高压回路上的工作，必须要拆除全部或一部分接地线后始能进行工作者，应征得（　　　）方可进行。

A. 运维人员的许可

B. 工作负责人的许可

C. 工作票签发人的许可

D. 根据调控人员指令装设的接地线，应征得调控人员的许可

6. 线路的停、送电均应按照（　　　）的指令执行。

A. 值班调控人员　　　　　　　　　　　B. 变电运行值班负责人

C. 线路工作负责人　　　　　　　　　　D. 线路工作许可人

7. 带电作业有（　　　）情况之一者，应停用重合闸或直流线路再启动功能，并不准强送电。

A. 中性点有效接地的系统中有可能引起单相接地的作业

B. 中性点非有效接地的系统中有可能引起相间短路的作业

C. 直流线路中有可能引起单极接地或极间短路的作业

D. 工作票签发人或工作负责人认为需要停用重合闸或直流线路再启动功能的作业

8. 带电作业工作票签发人和工作负责人、专责监护人应由具有（　　　）的人员担任。

A. 带电作业资格 　　　　　　　　　　B. 高级工程师资格

C. 带电作业实践经验 　　　　　　　　D. 技师资格

9. 母线接线方式主要有（　　　）。

A.3/2 接线 　　　　　　　　　　　　B. 桥形接线、角形接线

C. 单元接线、母线—变压器组接线 　　D. 单母线、双母线、三母线

10. 关于变电站（生产厂房）外墙、竖井等处固定的爬梯，以下说法正确的是：（　　　）。

A. 爬梯应牢固可靠，并设护笼

B. 高百米以上的爬梯，中间应设有休息的平台

C. 爬梯应定期进行检查和维护

D. 垂直爬梯宜设置人员上下作业的防坠安全自锁装置或速差自控器，并制定相应的使用管理规定

三、判断题（对的打"√"，错的打"×"，20 题，每题 2 分，共 40 分）

1. 在地区电网紧急事故处理过程中，地调许可的设备允许县调（配调）调度员不经地调调度员许可而发布指令，但必须尽快报告地调调度员，省调许可的设备允许地调调度员不经省调调度员许可而发布指令，但必须尽快报告省调调度员。（　　　）

2. 线路故障跳闸后，一般允许试送一次。（　　　）

3. 线路检修需要线路隔离开关（刀闸）及线路高压电抗器高压侧隔离开关（刀闸）拉开，线路 TV 或 CTV 低压侧断开，并在线路出线端合上接地刀闸（或挂好接地线）。（　　　）

4. 计划操作应尽量避免在交接班时进行。（　　　）

5. 变压器向母线充电时，变压器中性点必须直接接地。（　　　）

6. 带负荷合隔离开关（刀闸）时，发现合错，应立即将该隔离开关（刀闸）拉开。（　　　）

7. 防止电网频率崩溃，各电网内必须装设适当数量的低频减载自动装置，并按规定运行。（　　　）

8. 机组非同期并列，可能损坏变压器、断路器等设备，甚至有可能引起发电机

与系统振荡，造成系统瓦解。（　　）

9. 开关操作时，若远方操作失灵，现场规程允许进行就地操作时，必须进行分相操作。（　　）

10. 开关非全相运行，如一相断开或两相断开，会产生负序和零序电流、电压。（　　）

11. 两侧均为变电站的线路送电操作时，一般在短路容量小的一侧送电，短路容量大的一侧解合环。（　　）

12. 试送的开关必须完好，且具有完备的继电保护。（　　）

13. 试送前应对试送端电压控制，并对试送后首端、末端及沿线电压做好估算，避免引起过电压。（　　）

14. 所谓运用中的电气设备，是指全部带有电压或一部分带有电压及一经操作即带有电压的电气设备。（　　）

15. 无载调压变压器可以在变压器空载运行时调整分接头。（　　）

16. 系统发生振荡时，提高系统电压有利于提高系统的稳定水平。（　　）

17. 线路跳闸后，不查明原因，调度员不可进行送电操作。（　　）

18. 线路停电操作顺序是：拉开线路两端断路器（开关），拉开母线侧隔离开关（刀闸），拉开线路侧隔离开关（刀闸），在线路上可能来电的各端合接地刀闸（或挂接地线）。（　　）

19. 严禁约时停、送电，但可以约时挂、拆接地线。（　　）

20. 发电厂或变电站至少应有一台变压器中性点接地运行。（　　）

【参考答案】

一、单选题

1.B　2.B　3.A　4.C　5.B　6.B　7.B　8.B　9.B　10.D　11.B　12.D　13.A　14.C　15.A　16.A　17.A　18.D　19.B　20.B

二、多选题

1.ABCD　2.ACD　3.ABCD　4.ACD　5.AD　6.AD　7.ABCD　8.AC　9.ABCD　10.ABCD

三、判断题

1.√　2.√　3.√　4.√　5.√　6.×　7.√　8.√　9.×　10.√　11.×　12.√　13.√　14.√　15.×　16.√　17.×　18.×　19.×　20.√

二、配（县）调

配（县）调专业模拟题
（50题，单选20题，多选10题，判断20题）

一、单选题（20题，每题2分，共40分）

1. （　　　）断路器（开关）前，宜对现场发出提示信号，提醒现场人员远离操作设备。

　　A. 远方遥控操作　　B. 远方程序操作　　C. 就地操作　　　　D. 拉开

2. 变电站倒母线操作或变压器停送电操作，一般应下达（　　　）操作指令。

　　A. 即时　　　　　　　　　　　　　B. 逐项

　　C. 综合　　　　　　　　　　　　　D. 根据调度员习惯下达

3. 变压器瓦斯保护不能反映（　　　）故障。

　　A. 绕组匝间短路　　　　　　　　　B. 绕组的各种相间短路

　　C. 油位下降　　　　　　　　　　　D. 套管闪络

4. 变压器新投运行前，应做（　　　）次冲击合闸试验。

　　A.5　　　　　　　　B.4　　　　　　　　C.3　　　　　　　　D.2

5. 操作对调度管辖范围以外设备和供电质量有较大影响时，应（　　　）。

　　A. 暂停操作　　　　　　　　　　　B. 重新进行方式安排

　　C. 汇报领导　　　　　　　　　　　D. 预先通知有关单位

6. 操作中产生疑问时，应立即停止操作并向（　　　）报告。

　　A. 调控人员　　　B. 运维负责人　　　C. 工区防误专职　　D. 发令人

7. 操作中有可能产生较高过电压的是（　　　）。

　　A. 投入空载变压器　　　　　　　　B. 切断空载带电长线路

　　C. 投入补偿电容器　　　　　　　　D. 投入电抗器

8. 变压器运行电压一般不应高于该运行分接头额定电压的（　　　）。

　　A.120%　　　　　　B.115%　　　　　　C.110%　　　　　　D.105%

9. 当变比不同的两台变压器并列运行时，在两台变压器内产生环流，使得两台变压器空载的输出电压（　　　）。

　　A. 上升　　　　　　　　　　　　　B. 降低

　　C. 变比大的升，小的降　　　　　　D. 变比小的升，大的降

10. 当母线停电，并伴随因故障引起的爆炸、火光等异常现象时，应（　　）。

A. 在得到调度令之前，现场不得自行决定任何操作

B. 现场立即组织对停电母线强送电，以保证不失去站用电源

C. 现场应拉开故障母线上的所有断路器，并隔离故障点

D. 现场应立即组织人员撤离值班室

11. 电力系统在很小的干扰下，能独立地恢复到其初始运行状态的能力，称为（　　）。

A. 初时稳定　　　　　　　　　　　　B. 静态稳定

C. 暂态稳定　　　　　　　　　　　　D. 系统的抗干扰能力

12. 电压互感器发生异常有可能发展成故障时，母差保护应（　　）。

A. 停用　　　　　　B. 改接信号　　　　C. 改为单母线方式　D. 仍启用

13. 电网有备用接线方式的主要缺点是（　　）。

A. 接线简单　　　　　B. 电压质量低　　　C. 可靠性不高　　　D. 不够经济

14. 对母线充电时，下列（　　）措施不能消除谐振。

A. 先将线路接入母线

B. 先将变压器中性点及消弧线圈接地

C. 在母线电压互感器二次侧开口三角并接消谐电阻

D. 用刀闸进行操作

15. 对于合解环点正确的说法是（　　）。

A. 在短路容量小的地方合解环　　　　B. 在短路容量大的地方合解环

C. 在送端合解环　　　　　　　　　　D. 在受端合解环

16. 任何运行中的星形接线设备的中性点，应视为（　　）设备。

A. 大电流接地　　　B. 不带电　　　　　C. 带电　　　　　　　D. 停电

17. 同步振荡和异步振荡的主要区别是（　　）。

A. 同步振荡时系统频率能保持相同　　B. 异步振荡时系统频率能保持相同

C. 同步振荡时系统电气量波动　　　　D. 异步振荡时系统电气量波动

18. 系统高峰时升高电压，低谷时降低电压是（　　）。

A. 顺调压　　　　　B. 逆调压　　　　　C. 常调压　　　　　　D. 恒调压

19. 系统电压正常，而大容量发电机同期装置失灵，在低于额定转速时并入电网会出现（　　）。

A. 主变压器过励磁　　　　　　　　　B. 主变压器励磁涌流加大

C. 主变压器过电压　　　　　　　　　D. 主变压器过负荷

20. 用母联断路器对母线充电时，必须投入（　　　）。

A. 重合闸　　　　B. 光纤差动保护　　　C. 失灵保护　　　D. 充电保护

二、多选题（10 题，每题 2 分，共 20 分）

1. 倒闸操作可以通过（　　　）完成。

A. 就地操作　　　　B. 检修操作　　　C. 遥控操作　　　　D. 程序操作

2. 电力系统防雷的措施有：（　　　）。

A. 避雷器　　　　B. 避雷针　　　　C. 接地极　　　　D. 架空地线

3. 对于高处作业，下列说法是正确的是：（　　　）。

A. 凡在坠落高度基准面 1.5 m 及以上的高处进行的作业，都应视作高处作业

B. 电焊作业人员所使用的安全带或安全绳应有隔热防磨套

C. 高处作业应一律使用工具袋

D. 高处作业区周围应设置安全标志，夜间还应设红灯示警

4. 使用电气工具时，不准提着电气工具的（　　　）部分。

A. 把手（手柄）　　　B. 转动　　　　C. 金属外壳　　　　D. 导线

5. 下列（　　　）项工作可以不用操作票。

A. 事故紧急处理　　　　　　　　　　B. 拉合断路器（开关）的单一操作

C. 程序操作　　　　　　　　　　　　D. 遥控操作

6. 在户外变电站和高压室内搬动梯子、管子等长物，应（　　　）。

A. 与高压设备保持足够的安全距离　　B. 两人放倒搬运

C. 与带电部分足够的安全距离　　　　D. 一人搬运

7. 事故整改评估按照"（　　　）"原则，对照事故调查报告书（或事故报告，下同），核查评估事故单位和相关责任单位的整改措施落实情况。

A. 实事求是　　　　B. 系统评估　　　C. 注重实效　　　　D. 追究落实

8. 实际负荷最大减少量，即电网负荷侧实际减少的最大负荷量，主要指电网接线破坏而直接损失的负荷，包括：（　　　）。

A. 继电保护和电网安全自动装置动作切除的负荷

B. 相关人员误动、误碰、误操作损失的负荷

C. 事故处理过程中切除（或限制）的负荷

D. 用户自身原因脱离电网对应的实际负荷减少量

9. 变电站（生产厂房）内外的电缆，在进入（　　　　）等处的电缆孔洞时，应用防火材料严密封闭。

A. 电缆夹层　　　　　B. 控制柜　　　　　C. 开关柜　　　　　D. 控制室

10. 不停电工作是指（　　　）。

A. 高压设备部分停电，但工作地点完成可靠安全措施，人员不会触及带电设备的工作

B. 可在带电设备外壳上或导电部分上进行的工作

C. 高压设备停电的工作

D. 工作本身不需要停电并且不可能触及导电部分的工作

三、判断题（对的打"√"，错的打"×"，20 题，每题 2 分，共 40 分）

1. 因线路等其他原因导致带串补装置的线路停运时，如需对线路试送，需退出串补装置后再进行试送。（　　　）

2. 用隔离开关进行经试验许可的拉开母线环流或 T 接短线操作时，可就地操作。（　　　）

3. 在倒母线操作过程中无特殊情况下，母差保护应投入运行。（　　　）

4. 用母联断路器对空母线充电前先退出母线电压互感器，可以避免谐振的发生。（　　　）

5. 用母联断路器向空母线充电后，发生了谐振，应立即拉开母联断路器使母线停电，以消除谐振。（　　　）

6. 用闸刀进行经试验许可的拉开母线环流或 T 接短线操作时，须远方操作。（　　　）

7. 由于检修、扩建有可能造成相序或相位紊乱者，送电前注意进行核相。（　　　）

8. 有缺陷的带电作业工具应及时修复，不合格的应及时报废，禁止继续使用。（　　　）

9. 手持电动工具的单相电源线应使用双绞线。（　　　）

10. 与停电设备有关的变压器和电压互感器必须从高、低压两侧断开，防止向停电设备倒送电。（　　　）

11. 雨雪天气时，如要进行室外直接验电，应加强监护。（　　　）

12. 远方操作一次设备前，宜对现场发出提示信号，其目的是提醒现场人员远

离操作设备。（　　　）

13. 越级调度指紧急情况下值班调度员不通过下一级调度机构值班调度员而直接下达调度指令给下一级调度机构调度管辖的运行值班单位的运行值班员的方式。（　　　）

14. 允许用低压电抗器闸刀拉合空充电的低压电抗器。（　　　）

15. 运维人员实施不需高压设备停电或做安全措施的变电运维一体化业务项目时，可不使用工作票，但应以书面形式记录相应的操作和工作等内容。（　　　）

16. 运维站操作时设备名称采用双重编号，线路及开关须加电压等级，母线及母差保护也须加电压等级。（　　　）

17. 运行中的母联断路器发生异常（非全相除外）需短时停用时，为加速事故处理，允许采取合出线（或旁路）断路器两把母线隔离开关的办法对母联断路器进行隔离。此时应调整好母线差动保护的方式。（　　　）

18. 在变电站内，在不可能触及高压设备、二次系统的照明回路上工作时，应填用变电站（发电厂）第二种工作票。（　　　）

19. 在操作过程中，任何一人（操作人或监护人）不得离开岗位。如特殊原因，其中一人不得不离开时，操作应立即停止，待回来后再进行操作。继续进行操作前必须先核对已完成的项目和现在处在的位置，重新按操作程序核对设备，唱票复诵后执行操作。（　　　）

20. 在带电的电流互感器二次回路上工作时，工作中禁止将回路的永久接地点断开。（　　　）

【参考答案】

一、单选题

1.A　2.C　3.D　4.A　5.D　6.D　7.B　8.D　9.C　10.C　11.B　12.D　13.D　14.D　15.A　16.C　17.A　18.B　19.A　20.D

二、多选题

1.ACD　2.ABD　3.BCD　4.BD　5.ABC　6.BC　7.ABC　8.ABC　9.ABCD　10.BD

三、判断题

1.√　2.×　3.√　4.√　5.√　6.√　7.√　8.√　9.×　10.√　11.×　12.√　13.√　14.×　15.√　16.×　17.√　18.×　19.√　20.√

第八节　营销专业准入考试模拟卷

一、计量装置运维与检修

计量装置运维与检修专业模拟题
（50题，单选20题，多选10题，判断20题）

一、单选题（20题，每题2分，共40分）

1. 已终结的工作票、现场勘查记录至少应保存（　　）年。

　A.0.5　　　　　　　B.1　　　　　　　　C.2　　　　　　　　D.3

2. 电能计量装置做现场校验或一次通电时，应通知运维人员和其他有关人员，并由（　　）或其指派专人到现场监视，方可进行。

　A. 工作监护人　　　B. 运维人员　　　C. 工作负责人　　　D. 班员

3. 营销作业现场工作票采用手工方式填写时，应用（　　）或蓝色的钢（水）笔或圆珠笔填写和签发，至少一式两份。

　A. 黑色　　　　　　B. 彩色　　　　　　C. 红色　　　　　　D. 灰色

4. 高压开关柜内（　　）拉出后，隔离带电部位的挡板应可靠封闭，禁止开启，并设置"止步，高压危险！"标示牌。

　A. 手车开关　　　　　　　　　　　　B. 隔离开关（刀闸）

　C. 电流互感器　　　　　　　　　　　D. 电压互感器

5. 计量二次回路接线相关试验时，试验人员应具有（　　），充分了解被试设备和所用试验设备、仪器的性能。试验设备应合格有效，不得使用有缺陷及有可能危及人身或设备安全的设备。

　A. 试验专业知识　　B. 安全生产知识　　C. 电气知识　　　D. 以上全部

6. 在进行营销现场作业时，现场作业人员（包括工作负责人）不宜单独进入或滞留在高压配电室、（　　）等带电设备区域内。

　A. 变压器开关柜　　B. 变电站值班室　　C. 低压配电室　　D. 开闭所

7. 电能计量装置的二次回路变动时，应按（　　）进行，无用的接线应隔离清楚，防止误拆或产生寄生回路。

A. 文件规定 B. 经审批后的图纸

C. 用户要求 D. 计划设计方案

8. 第二种工作票、低压工作票可在进行工作的（ ）预先交给工作许可人。

A. 前 2 天 B. 前 1 天 C. 当天 D 前 1 周

9. （ ）及以上业扩工程应成立启动委员会，制定启动方案并按规定执行。

A.10kV B.20kV C.35kV D.66kV

10. 现场进行检查测试时，应实行工作监护制度，确保人身与设备安全。现场检查计量柜等带电设备时，应正确穿戴齐全且合格的（ ），检查高压带电设备时，不得强行打开闭锁装置。

A. 劳动防护用品 B. 工作服 C. 安全工器具 D. 检查测试器具

11. 第一种工作票，应在工作（ ）送达设备运维管理单位（包括信息系统送达）。

A. 前 2 天 B. 前 1 天 C. 当天 D. 前 1 周

12. 充换电设备清扫作业每组应不少于（ ）人，设备清扫需将充换电设备断电。

A.1 B.2 C.3 D.4

13. 汛期、雨雪、大风等恶劣天气或事故巡视应配备必要的防护用具、自救器具和药品；夜间巡视应保持足够的（ ）。

A. 食品 B. 照明 C. 急救药品 D. 防身器材

14. 互感器现场校验工作不得少于（ ）人。

A.1 B.2 C.3 D.5

15. 清扫充换电设备精密元器件时，应戴（ ），防止造成元器件损坏。

A. 护目镜 B. 手套 C. 绝缘手套 D. 防静电手套

16. 抢修消缺时，需断开充电机交流进线开关，并在进线开关设置（ ），防止工器具或其他物体掉落引发短路故障。

A. 绝缘挡板 B. 隔离挡板 C. 防护挡板 D. 标识牌

17. 在客户设备上工作，许可工作前工作负责人应与客户一起检查确认客户设备的当前运行状态、安全措施符合作业的安全要求，并向其交待相关内容。作业前，应检查多电源和有自备电源的客户是否已采取机械或电气联锁等防反送电的强制性（ ）。

A. 施工方案 B. 组织措施 C. 技术措施 D. 安全措施

18. 电缆敷设时，盘边缘距地面不得小于（　　　），电缆盘转动力量要均匀，速度要缓慢平稳。

　　A.80 m　　　　　　　B.100 m　　　　　　C.120 mm　　　　　D.150 mm

19. 网关箱接地线应以软导线与接地的金属构架可靠连接，软导线应选用（　　　）及以上的单股多芯铜导线。

　　A.1.5 mm^2　　　　　B.2.5 mm^2　　　　　C.4 mm^2　　　　　　D.6 mm^2

20. 长期停用或新领用的电动工具应用绝缘电阻表测量其绝缘电阻，若带电部件与外壳之间的绝缘电阻值达不到（　　　），应禁止使用。

　　A.1 mΩ　　　　　　　B.2 mΩ　　　　　　　C.3 mΩ　　　　　　　D.4 mΩ

二、多选题（10题，每题2分，共20分）

1. 在进行营销现场作业时，若需变更或增设安全措施，应填用新的工作票，并重新履行（　　　）手续。

　　A. 签发　　　　　　　B. 审阅　　　　　　　C. 许可　　　　　　　D. 备案

2. 检修电源的接拆必须由两人进行，一人（　　　），另一人（　　　）。

　　A. 接拆线　　　　　　B. 监护　　　　　　　C. 观察　　　　　　　D. 动手

3. 在带电设备周围禁止使用（　　　）进行测量。

　　A. 钢卷尺　　　　　　　　　　　　　　　　B. 绝缘尺

　　C. 皮卷尺　　　　　　　　　　　　　　　　D. 线尺（夹有金属丝者）

4. 低压电气工作时应穿（　　　），并戴低压作业防护手套、安全帽，使用绝缘工具。

　　A. 绝缘鞋　　　　　B. 全棉长袖工作服　C. 导电鞋　　　　　D. 保暖服

5. 所有带电作业工具必须（　　　）。

　　A. 绝缘良好　　　　　B. 连接牢固　　　　C. 转动灵活　　　　D. 操作舒适

6. 任何人不得变更有关检修设备的运行接线方式。（　　　）当中的任何一方不得擅自变更安全措施，工作中如有特殊情况需要变更时，应先取得对方的同意并及时恢复。变更情况及时记录在值班日志及工作票内。

　　A. 施工方　　　　　　B. 供电方　　　　　　C. 客户方　　　　　　D. 监理方

7. 在电网侧设备停电措施实施后，由电网侧设备的（　　　）负责向客户停送电联系人许可。恢复送电，应接到客户停送电联系人的工作结束报告，做好录音并记录后方可进行。

A. 运维管理单位　　B. 检修单位　　　　C. 调度控制中心　　D. 施工单位

8. 在客户侧开展电能计量、（　　　）、综合能源等相关工作，可根据客户有关规定，执行客户方准许在电气设备上工作的书面安全要求，供电方作业人员保留备份。

A. 业扩报装　　　　　　　　　　B. 用电检查

C. 分布式电源　　　　　　　　　D. 充（换）电设备检修（试验）

9. 试验电源应按电源（　　　）合理布置，并在明显位置设立安全标志。

A. 类别　　　　　　B. 相别　　　　　　C. 电压等级　　　　D. 电源容量

10. 电源侧不停电更换电能表时，直接接入的电能表应将出线负荷断开，应有防止（　　　）的措施。对于不具备电能表接插件的三相直接接入式计量箱，其三相直接接入式电能表装拆应停电进行。

A. 二次侧开路　　　B. 相间短路　　　C. 相对地短路　　　D. 电弧灼伤

三、判断题（对的打"√"，错的打"×"，20 题，每题 2 分，共 40 分）

1. 校验电能表、电压互感器、电流互感器的作业人员，不准对运用中的非计量设备、信号系统、保护压板进行操作，禁止在变电站内操作、拉合与工作无关的检修断路器（开关）。（　　　）

2. 金属计量箱的箱体、充电桩外壳等设备的接地电阻应合格。（　　　）

3. 业扩报装工作必须由客户方或施工方熟悉环境和电气设备的人员配合进行。要求客户方或施工方进行现场安全交底，做好相关安全技术措施；确认工作范围内的安全措施符合现场工作需要。（　　　）

4. 业扩现场勘查人员应掌握带电设备的位置，与带电设备保持足够的安全距离，注意不要误碰、误动、误登运行设备。（　　　）

5. 营销服务人员不得擅自操作客户设备。（　　　）

6. 在不停电的计量箱工作，应采取防止相间短路和单相接地的绝缘隔离措施，拆除导线的裸露部分后，不得触碰导线裸露部分。（　　　）

7. 计量装置、充换电设备等检查、检修的门应开启灵活，朝向内开。（　　　）

8. 创伤急救止血时，可用电线、铁丝、细绳等作止血带使用。（　　　）

9. 客户停送电联系人可以由供电公司指定的人员担任。（　　　）

10. 进入带电区域内敷设电缆时，应取得运维单位同意，设专人监护，采取安全措施，保持安全距离，防止误碰运行设备，不得踩踏运行电缆。（　　　）

11. 冻伤急救时，应将伤员身上潮湿的衣服剪去后用干燥柔软的衣服覆盖，并立即烤火或搓雪。（　　　）

12. 对有触电危险、检修（施工）复杂，容易发生事故的工作，应增设专责监护人，并确定其监护的人员和工作范围。（　　　）

13. 如果校验过程中需要检修配合，不将检修人员填写在高压试验工作票中。（　　　）

14. 现场校验时应认清设备接线标识，设专人监护，工作完毕接电后要进行检查核验，确保接线正确，接线时螺栓应紧固并充分接触。（　　　）

15. 作业人员应了解机具（施工机具、电动工具）及安全工器具相关性能，熟悉其使用方法。（　　　）

16. 在开展不需要停电、不存在接触带电部位风险的抄表催费、客户现场安全检查、涂改编号等工作时，可不使用工作票或现场作业工作卡，但应以其他形式记录相应的操作和工作等内容。（　　　）

17. 未经检验或检验不合格的客户受电工程，可以接（送）电。（　　　）

18. 安全帽使用时，应将下颏带系好，防止工作中前倾后仰或其他原因造成滑落。（　　　）

19. 临时配电箱必须装有独立的漏电保护开关，多台焊机、电动工具可以共用一个电源开关，配电箱都应接零（接地）。（　　　）

20. 所有工作人员可以单独进入、滞留在客户高压室和室外高压设备区内。（　　　）

【参考答案】

一、单选题

1.B　2.C　3.A　4.A　5.A　6.D　7.B　8.C　9.C　10.A　11.B　12.B　13.B　14.C　15.D　16.B　17.C　18.B　19.C　20.B

二、多选题

1.AC　2.AB　3.ACD　4.AB　5.ABC　6.BC　7.AC　8.ABCD　9.ABC　10.BCD

三、判断题

1.√　2.√　3.√　4.√　5.√　6.×　7.×　8.×　9.×　10.√　11.×　12.√　13.×　14.√　15.√　16.√　17.×　18.√　19.×　20.×

二、用电检查和服务

用电检查和服务专业模拟题
（50题，单选20题，多选10题，判断20题）

一、单选题（20题，每题2分，共40分）

1. 客户现场作业时，应执行工作票（　　　）制度。

A. 双许可　　　　　B. 单许可　　　　　C. 不许可　　　　　D. 许可

2. 图5-96中红线标示部分存在哪种违章行为：（　　　）。

图5-96

A. 绝缘护套缺失　　B. 透明护套缺失　　C. 绝缘板缺失　　D. 绝缘手套缺失

3. 在进行营销现场作业时，工作班中途新加入的工作班成员，应由工作负责人、专责监护人对其进行（　　　）并履行确认手续。

A. 安全交底　　　　B. 劳动纪律宣贯　　C. 思想品德教育　　D. 危险点告知

4. 作业人员应经（　　　），无妨碍工作的病症，体格检查每两年至少一次。

A. 人资录用　　　　B. 医师鉴定　　　　C. 考试合格　　　　D. 自我鉴定

5. 在夜间、（　　　）、地下、电缆隧道以及室内作业，应有足够的照明。

A. 雪天　　　　　　B. 雾天　　　　　　C. 白天　　　　　　D. 沙尘暴

6. 营销作业现场按电话命令执行的工作应留有（　　　）或书面派工记录。记录内容应包含指派人、工作人员（负责人）、工作任务、工作地点、派工时间、工作结束时间、安全措施（注意事项）及完成情况等内容。

A. 短信　　　　　　B. 录音　　　　　　C.QQ　　　　　　　D. 微信

7. 当打开箱（柜）门进行检查或操作时，应站位至箱门（　　　），避免箱内设备异常引发的伤害。

A. 前面　　　　　　B. 后面　　　　　　C. 侧面　　　　　　D. 外面

8. 用电检查工作应填用（　　　）。

A. 现场作业工作卡　　　　　　　　B. 配电第一种工作票

C. 配电第二种工作票　　　　　　　D. 低压工作票

9. 环网柜应在停电、验电、（　　　）后，方可打开柜门。

A. 合上接地刀闸　　B. 合上开关　　　C. 挂上标示牌　　D. 合上刀闸

10. 可直接在地面操作的断路器（开关）、隔离开关（刀闸）的操动机构应（　　　）。

A. 遮蔽　　　　　　B. 隔离　　　　　　C. 挂牌　　　　　　D. 加锁

11. 绝缘隔板和绝缘罩应存放在（　　　）。使用前应擦净灰尘。若表面有轻度擦伤，应涂绝缘漆处理。

A. 室内干燥的柜内

B. 室内干燥、离地面 200 mm 以上的专用柜内

C. 室内干燥、离地面 200 mm 以上的架上

D. 室内干燥、离地面 200 mm 以上的架上或专用柜内

12. 低压带电作业时，作业范围内电气回路的剩余电流动作保护装置应（　　　）。

A. 禁止投入　　　　B. 随意　　　　　C. 投入运行　　　D. 停止运行

13. 对难以做到与电源完全断开的检修设备，可以（　　　）。

A. 正常工作　　　　　　　　　　　B. 汇报领导

C. 不工作　　　　　　　　　　　　D. 拆除设备与电源之间的电气连接

14. 室外低压配电线路和设备验电宜使用（　　　）。

A. 声光验电器　　B. 低压验电笔　　C. 风车式验电器　　D. 手柄式验电器

15. 作业人员应在（　　　）的保护范围内作业。

A. 开关　　　　　　B. 接地线　　　　　C. 闸刀　　　　　D. 负荷开关

16. 客户侧现场作业，需客户设备配合停电时，应得到（　　　）的同意，经批准后由客户设备运维管理人员进行停电。

A. 工作许可人　　　　　　　　　　B. 工作负责人

C. 客户工作许可人　　　　　　　　D. 客户工作负责人

17. 供电方、客户方当中的任何一方不得擅自变更安全措施，工作中如有特殊

情况需要变更时，应先取得（　　　）的同意并及时恢复。变更情况及时记录在值班日志及工作票内。

　　A. 供电方　　　　　　B. 客户方　　　　　　C. 双方　　　　　　D. 对方

　　18. 营销服务场所应保障疏散通道、安全出口畅通，并设置消防安全疏散指示标志和（　　　）设施。

　　A. 消防器材　　　　　B. 应急照明　　　　　C. 普通照明　　　　D. 应急器材

　　19. 高处作业，除有关人员外，他人不得在工作地点的下面通行或逗留，工作地点下面应（　　　）。

　　A. 有遮栏（围栏）或装设其他保护装置　　B. 有遮栏

　　C. 有围栏　　　　　　　　　　　　　　　D. 装设其他保护装置

　　20. 在配电柜（盘）内工作，相邻设备应（　　　）或采取绝缘遮蔽措施。

　　A. 全部停电　　　　　B. 部分停电　　　　　C. 拉开断路器　　　D. 接地

二、多选题（10 题，每题 2 分，共 20 分）

　　1. 现场作业关键风险点是指现场作业过程中，一旦某个环节的安全措施未做或标准达不到要求，则极有可能造成（　　　），这个环节即为现场作业的关键风险点。

　　A. 人身伤亡　　　　　B. 电网故障　　　　　C. 设备损坏　　　　D. 财产损失

　　2. 营销作业人员在（　　　）、配电变压器台架上进行工作，不论线路是否停电，应先拉开低压侧断路器（开关），后拉开低压侧隔离开关（刀闸），再拉开高压侧跌落式熔断器或隔离开关（刀闸）。

　　A. 美式变电站　　　　B. 高压配电室　　　　C. 箱式变电站　　　D. 用户配电室

　　3. 消防检查内容应当包括：（　　　）。

　　A. 火灾隐患的整改情况以及防范措施的落实情况

　　B. 安全疏散通道、疏散指示标志、应急照明和安全出口情况

　　C. 灭火器材配置及有效情况

　　D. 消防安全重点部位的管理情况

　　4. 装设于配电变压器低压母线处的反孤岛装置与（　　　）间应具备操作闭锁功能。

　　A. 低压总开关　　　　B. 高压总开关　　　　C. 母线联络开关　　D. 进线开关

　　5. 设备检修与故障抢修时，（　　　）。

　　A. 相关容性、感性设备检修、试验前后应充分放电

　　B. 设备检修工作中使用的检修电源应装设过载自动跳闸装置及漏电保护装置，

使用自备发电机做检修电源的，应保证发电机接地点可靠接地

C. 开关拉出后应将柜门锁闭，禁止擅自开启

D. 开关拉出后，为方便检查可将柜门保持开启

6. 连接电动机械及电动工具的电气回路应（　　　）。

A. 单独设开关或插座　　　　　　　　B. 装设剩余电流动作保护装置

C. 金属外壳应接地　　　　　　　　　D. 设置双开关或双刀闸

7. 机具和安全工器具入库、出库、使用前应检查，禁止使用（　　　）等不合格的机具和安全工器具。

A. 损坏　　　　　　B. 变形　　　　　　C. 有故障　　　　　　D. 无编号

8. 绝缘手套应（　　　），长度应超衣袖。

A. 干燥　　　　　　B. 柔软　　　　　　C. 接缝少　　　　　　D. 紧密牢固

9. 断开（　　　）客户的连接点开关后，应验明可能来电的各侧均无电压。

A. 双电源　　　　　B. 多电源　　　　　C. 分布式电源　　　D. 带有自备电源

10. 营销现场作业安全技术措施有：（　　　）。

A. 停电　　　　　　　　　　　　　　　B. 验电

C. 接地　　　　　　　　　　　　　　　D. 悬挂标示牌和装设遮栏（围栏）

三、判断题（对的打"√"，错的打"×"，20题，每题2分，共40分）

1. 图5-97中人员作业时应使用绝缘手套。（　　　）

图 5-97

2. 图5-98中人员作业时未做防护措施。（　　　）

图 5-98

3. 人在梯子上时，禁止长距离移动梯子。（　　　）

4. 通电试验过程中，试验和监护人员可以中途离开。（　　　）

5. 对计量箱门进行检查或操作时，作业人员应站位至箱门正面，防范计量箱内设备异常。箱门开启后应采取有效措施对箱门进行固定。（　　　）

6. 对于开关柜类设备的检修、试验或验收，针对其带电点与作业范围绝缘距离短的特点，在无物理隔离措施时，应加强风险分析与预控。（　　　）

7. 互感器现场校验作业人员在全部加压过程中，应精力集中，随时警戒异常现象发生，操作人应站在绝缘垫上。（　　　）

8. 在停电检修作业中，开断或接入绝缘导线前，应做好防感应电的安全措施。（　　　）

9. 短路电流互感器二次绕组应使用短路片或短路线，需用导线缠绕。（　　　）

10. 客户侧停电现场作业，验明确无电压后，工作地段各端和工作地段内有可能送电的各分支线应可靠接地，装设的接地线应接触良好、连接可靠。（　　　）

11. 低压电气工作，应采取措施防止误入相邻间隔、误碰相邻带电部分。（　　　）

12. 电流互感器和电压互感器的二次绕组应有一点永久性的、可靠的保护接地。（　　　）

13. 在测量高压电缆各相电流时，电缆头线间距离应在 300 mm 以上，且绝缘良好，测量方便者，方可进行。（　　　）

14. 客户侧用电检查（反窃查违）现场作业可不执行"双许可"制度，由供电方许可人许可后，即可开展客户侧用电检查（反窃查违）相关工作。（　　　）

15. 所有带电作业工具必须绝缘良好，连接牢固，转动灵活。其外裸露的导电部位应采取绝缘包裹措施，防止操作时相间或相对地短路；可以使用锉刀、金属尺和带有金属物的毛刷、毛掸等工具。（　　　）

16. 禁止作业人员擅自移动或拆除遮栏（围栏）、标示牌。因工作原因需短时移动或拆除遮栏（围栏）、标示牌时，应有人监护，完毕后应立即恢复。（　　　）

17. 在高压设备电能表、采集终端等及其二次回路上工作，需将高压设备停电或做安全措施。（　　　）

18. 一张工作票中，工作票签发人、工作许可人和工作负责人三者可以为同一人。（　　　）

19. 在全部或部分带电的运行屏（柜）上进行工作时，应将检修设备与运行设备前后以明显的标志隔开。（　　　）

20. 绝缘操作杆、验电器和测量杆允许使用电压应与设备运行状况相符。（　　　）

【参考答案】
一、单选题
1.A 2.A 3.A 4.B 5.B 6.B 7.C 8.A 9.A 10.D 11.D 12.B 13.D
14.A 15.D 16.C 17.D 18.B 19.A 20.A

二、多选题
1.ABC 2.BC 3.ABCD 4.AC 5.ABC 6.ABC 7.ABC 8.BCD
9.ABCD 10.ABCD

三、判断题
1. √ 2. √ 3. × 4. × 5. × 6. × 7. √ 8. √ 9. × 10. √ 11. √ 12. ×
13. √ 14. √ 15. × 16. √ 17. √ 18. × 19. √ 20. ×

三、低压运检

低压运检专业模拟题
（50题，单选20题，多选10题，判断20题）

一、单选题（20题，每题2分，共40分）

1. 图 5-99 中红线标示部分存在哪种违章行为：（　　　）。

图 5-99

A. 用手搬动滑轮　　　　　　　　　B. 滑轮有裂纹、破损

C. 未按规定设置滑轮　　　　　　　D. 在滑轮附近用手触碰运行中

2. 安全出口如需上锁，应使用内开式推插锁，（　　　）将灭火器材箱、安全疏散指示标志遮挡、覆盖。

A. 随意　　　　　　B. 严禁　　　　　　C. 可以　　　　　　D. 不便

3. 安全天数达到（　　　）天为一个安全周期。

A.100　　　　　　B.200　　　　　　C.365　　　　　　D.1000

4. 八级电网事件是指未构成七级以上电网事件，符合下列条件之一者定为八级电网事件：（　　　）。

A. 造成电网减供负荷 10 mW 以上者

B.35kV 以上输变电设备异常运行或被迫停止运行，并造成减供负荷者

C.10kV（含 20kV、6kV）供电设备（包括母线、直配线等）异常运行或被迫停止运行，并造成减供负荷者

D. 县级以上地方人民政府有关部门确定的临时性重要电力用户电网侧供电全部中断

5. 不宜在锅炉 / 窑炉调试、检修、维护、保养等非正常运行工况时期（　　　）。

A. 调整安全阀　　　B. 巡检　　　　　C. 进入现场　　　　D. 施工

6. 当发现低压配电箱、金属计量箱箱体带电时，应（　　　）。

A. 继续工作

B. 等待几分钟后再试一试

C. 断开上一级电源，查明带电原因，并做相应处理

D. 取消工作

7. 低压带电作业时，应采取绝缘隔离措施防止相间短路和单相接地；若无法采取绝缘隔离时，则（   ）。

    A. 将影响作业的有电设备停电   B. 继续工作

    C. 停止工作   D. 汇报领导

8. 低压带电作业应戴（   ），站在干燥的绝缘物上进行，对地保持可靠绝缘。

    A. 绝缘手套   B. 护目镜   C. 入场证   D. 安全帽

9. 对低压电气带电作业工具裸露的导电部位，应做好绝缘包缠，正确佩戴（   ）、护目镜等个体防护装备。

    A. 手套   B. 安全帽   C. 防护罩   D. 绝缘披肩

10. 高压验电前，验电器应先在有电设备上试验，确证验电器良好；无法在有电设备上试验时，可用（   ）等确证验电器良好。

    A. 高频高压发生器   B. 工频高压发生器

    C. 低频高压发生器   D. 工频低压发生器

11. 各级营销管理部门针对无法消除的营销服务场所重大火灾隐患，应提出解决方案并及时向（   ）。

    A. 上级主管部门或当地政府报告   B. 上级主管部门

    C. 当地政府报告   D. 公安消防机构

12. 高压测量工作应在（   ）时进行。

    A. 良好天气   B. 阴雨天气   C. 大风天气   D. 干燥天气

13. 供电企业对特级、一级重要客户每（   ）个月至少检查1次。

    A.1   B.2   C.3   D.4

14. 接入高压配电网的分布式电源，并网点应安装易操作、可闭锁、具有明显（   ）、可开断故障电流的开断设备，电网侧应能接地。

    A. 电气指示   B. 机械指示   C. 警示标识   D. 断开点

15. 接入高压配电网的分布式电源客户进线开关、并网点开断设备应有（   ），并报电网管理单位备案。

    A. 名称   B. 编号

    C. 名称、编号   D. 名称、编号、电压等级

16. 临水工作时，应穿戴救生衣及防滑鞋，不得单人进行（   ）工作。

    A. 室外   B. 室内   C. 临水   D. 检修

17. 在低压用电设备上停电工作前，应断开电源、取下熔丝，（   ）或悬挂标

示牌，确保不误合。

A. 关柜门 　　　　　B. 加锁 　　　　　C. 开柜门 　　　　　D. 挂接地线

18. 在低压用电设备上停电工作前，应验明（ 　　 ），方可工作。

A. 标识位置 　　　B. 开关指示 　　　C. 确无电流 　　　D. 确无电压

19. 在配电站的带电区域内或邻近带电线路处，禁止使用（ 　　 ）。

A. 木质梯子 　　　B. 金属梯子 　　　C. 绝缘梯 　　　D. 高低凳

20. 现场使用的机具、安全工器具应经（ 　　 ）。

A. 厂家认证 　　　B. 检验合格 　　　C. 领导批准 　　　D. 会议讨论

二、多选题（10 题，每题 2 分，共 20 分）

1. 低压公共区域（计量箱等）仅涉及个别设备、箱体内停电的工作，应先断开
（ 　　 ），再断开（ 　　 ）。

A. 线路侧开关 　　B. 负荷侧开关 　　C. 母线侧开关 　　D. 电源侧总开关

2. 对无法直接验电的设备，应间接验电，即通过设备的（ 　　 ）来判断。

A. 机械位置指示 　　　　　　　　　B. 电气指示

C. 带电显示装置 　　　　　　　　　D. 仪表及各种遥测、遥信等信号的变化

3. 断开（ 　　 ）客户的连接点开关后，应验明可能来电的各侧均无电压。

A. 双电源 　　　　B. 多电源 　　　C. 分布式电源 　　　D. 带有自备电源

4. 高处作业应（ 　　 ）。

A. 搭设脚手架 　　　　　　　　　　B. 使用高空作业车

C. 使用升降平台 　　　　　　　　　D. 采取其他防止坠落的措施

5. 工作终结报告应按（ 　　 ）方式进行。

A. 当面报告 　　　　　　　　　　　B. 派人送达

C. 短信报告 　　　　　　　　　　　D. 电话报告，并经复诵无误

6. 作业前，应先分清相、零线，选好工作位置。断开导线时，应先断开（ 　　 ），
后断开（ 　　 ）。搭接导线时，顺序应相反。

A. 相线 　　　　　B. 零线 　　　C. 火线 　　　D. 地线

7. 未构成七级以上电网事件，符合下列条件之一者定为八级电网事件：
（ 　　 ）。

A.35kV 以上输变电设备异常运行或被迫停止运行，并造成减供负荷者

B.10kV（含 20kV、6kV）供电设备（包括母线、直配线等）异常运行或被迫
停止运行，并造成减供负荷者

C. 直流输电系统发生换相失败

D. 发电机组（含调相机组）不能按调度要求运行

8. 安全带的挂钩或绳子（　　　）。

A. 可挂在移动物件上　　　　　　　　B. 可挂在专为挂安全带用的钢丝绳上

C. 应采用高挂低用的方式　　　　　　D. 应挂在结实牢固的构件上

9. 营销现场作业，（　　　）认为有必要现场勘察的，应根据工作任务组织现场勘察，并填写现场勘察记录。

A. 工作票签发人　　　B. 工作许可人　　　C. 工作负责人　　　D. 专责监护人

10. 在营销现场作业，以下为保证安全的组织措施的有：（　　　）。

A. 现场勘察制度　　　　　　　　　　B. 工作间断、转移制度

C. 工作终结制度　　　　　　　　　　D. 恢复送电制度

三、判断题（对的打"√"，错的打"×"，20题，每题2分，共40分）

1. 图 5-100 中低压带电作业人员应该佩戴护目镜。（　　　）

图 5-100

2. 城区、人口密集区或交通道口和通行道路上施工时，工作场所周围应装设遮栏（围栏），并在相应部位装设警告标示牌，无需派人看管。（　　　）

3. 充换电站检修工作时，拆开的引线、断开的线头应采取绝缘包裹等遮蔽措施。（　　　）

4. 因检修试验需要解开设备接头时，拆前应做好标记，接后应进行检查。（　　　）

5. 充换电站巡视过程中，巡视人员不得单独开启箱（柜）门，开启箱（柜）门前应验电。（　　　）

6. 对于近电作业，要注意保持安全距离，落实防感应电触电措施。（　　）

7. 低压电气工作前，应用测试良好的低压验电器或测电笔检验检修设备、金属外壳和相邻设备是否有电，任何未经验电的设备均视为带电设备。（　　）

8. 低压配电线路和设备上的停电作业，应先拉开低压侧隔离开关（刀闸），后拉开低压侧断路器（开关）；作业前检查双电源、多电源和自备电源、分布式电源的客户已采取机械或电气联锁等防止反送电的强制性技术措施。（　　）

9. 低压线路和设备停电后，检修或装表接电等工作前，应在与停电检修部位或表计电气上直接相连的可验电部位验电。（　　）

10. 低压验电前应先在低压有电部位上试验，以验证验电器或测电笔良好。（　　）

11. 接临时负载，应装有专用的刀闸和熔断器。（　　）

12. 绝缘隔板和绝缘罩应存放在室内干燥、离地面 200 mm 以上的架上或专用柜内。使用前应擦净灰尘。若表面有轻度擦伤，应涂漆处理。（　　）

13. 设备运维管理单位应将配电站、开闭所的井、坑、孔、洞或沟（槽）覆以与地面齐平而坚固的盖板，所有吊物孔、没有盖板的孔洞、楼梯和平台，应装设符合安全要求的栏杆和护板。（　　）

14. 电能表、采集终端装拆、调试时，宜断开各方面电源（含辅助电源）。若不停电进行，应做好绝缘包裹等有效隔离措施，防止误碰运行设备、误分闸。（　　）

15. 电能计量装置做现场校验或一次通电时，应事先通知领导，并由工作负责人或其指派专人到现场监视，方可进行。（　　）

16. 多小组工作，工作负责人应在得到主要小组负责人工作结束的汇报后，方可与工作许可人办理工作终结手续。（　　）

17. 二次工作安全措施票的工作内容及安全措施内容由工作负责人填写，由技术人员或班长审核并签发。（　　）

18. 发生六级以上事故、电力监管机构或安全生产监督管理部门要求报送的安全事件，或其他法律法规等要求报送的事故信息，应按国家、政府部门相关规定执行，及时如实向所在地县级以上人民政府相关部门、相应电力监管机构报送有关情况。（　　）

19. 火灾隐患整改完毕，负责整改的部门或者人员应当将整改情况记录报送公安消防机构。（　　）

20. 高低压同杆架设，在低压带电线路上装拆计量箱时，应先检查与高压线的距离，采取防止误碰带电高压设备的措施。（　　）

【参考答案】

一、单选题

1.C 2.B 3.A 4.C 5.D 6.C 7.A 8.B 9.A 10.B 11.A 12.A
13.C 14.D 15.C 16.C 17.B 18.D 19.B 20.B

二、多选题

1.BD 2.ABCD 3.ABCD 4.ABCD 5.AD 6.AB 7.BCD 8.BCD
9.ABCD 10.ABC

三、判断题

1.√ 2.× 3.× 4.√ 5.√ 6.√ 7.√ 8.× 9.√ 10.√ 11.√ 12.×
13.√ 14.√ 15.× 16.× 17.√ 18.× 19.× 20.√

四、综合能源

综合能源专业模拟题
（50题，单选20题，多选10题，判断20题）

一、单选题（20题，每题2分，共40分）

1. 清扫风扇等设备时，严禁作业人员将（　　）伸入。

A. 肢体　　　　　　B. 脚　　　　　　　C. 手　　　　　　　D. 手指

2. 个人保安线应使用有透明护套的多股软（　　）线。

A. 铜　　　　　　　B. 铁　　　　　　　C. 铝　　　　　　　D. 银

3. 电动工具使用前，应检查确认（　　）、接地或接零完好；检查确认工具的金属外壳可靠接地。

A. 电线　　　　　　B. 外壳　　　　　　C. 绝缘部分　　　　D. 金属外壳

4. 熔断器的（　　）应摘下或悬挂"禁止合闸，有人工作！"或"禁止合闸，线路有人工作！"的标示牌。

A. 高压熔丝　　　　B. 真空管　　　　　C. 熔管　　　　　　D. 钨丝熔管

5. 充电设备钥匙至少应有（　　）把，一把专供紧急时使用，另一把专供作业人员使用。

A.2　　　　　　　　B.3　　　　　　　　C.4　　　　　　　　D.5

6. 下面不属于作业人员责任的是（　　）。

A. 熟悉作业范围、内容及流程，参加作业前的安全交底

B. 掌握并落实安全措施

C. 正确组织施工作业

D. 正确使用施工机具、安全工器具和劳动防护用品

7. 电气设备发生火灾时，不可选用（　　）来灭火。

A. 干粉灭火器

B. 二氧化碳灭火器

C. 水

D. 水基型灭火器

8. （　　）未经允许不得进入施工现场。

A. 外包人员

B. 与施工无关的人员

C. 任何人

D. 施工人员

9. 在防火重点部位或易燃、易爆区周围动用明火或进行可能产生火花的作业时，应办理（　　）。

A. 第一种工作票　　B. 第二种工作票　　C. 抢修单　　　　D. 动火工作票

10. 施工现场、仓库及重要机械设备、配电箱旁，生活和办公区等应配置相应的消防器材。需要动火施工作业前，应增设相应类型及数量的（　　）。

A. 消防器材　　　　B. 铁锹　　　　　C. 水桶　　　　　D. 沙袋

11. 电气设备附近应配备适用于扑灭电气火灾的消防器材。发生电气火灾时应首先（　　）。

A. 用灭火器扑灭　　B. 切断电源　　　C. 离开现场　　　D. 拨打报警电话

12. 起重（　　）应进行安全技术交底，使全体人员熟悉起重搬运方案和安全措施。

A. 作业前　　　　　B. 验收前　　　　C. 作业中　　　　D. 进场后

13. 高处作业人员应正确使用安全带，安全带及后备防护设施应（　　）。

A. 高挂低用　　　　B. 低挂高用　　　C. 高挂高用　　　D. 低挂低用

14. 特种劳动防护用品的标志是（　　）。

A.LA　　　　　　　B.CE　　　　　　C.CCC　　　　　D.CLA

15. 不可露天或者高处进行焊接和切割作业的天气气候不包括（　　）。

A. 风力四级以上　　B. 风力五级以上　　C. 下雨　　　　　D. 下雪

16. 入（　　）之前，对消防器具应进行全面检查，对消防设施及施工用水外露管道应做好保温防冻措施。

A. 春　　　　　　　B. 夏　　　　　　C. 秋　　　　　　D. 冬

17. 土石方施工时，堆土应距坑边（　　）以外，高度不得超过 1.5 m。

A.0.5 m　　　　　　B.0.6 m　　　　　　C.0.8 m　　　　　　D.1 m

18. 寒冷地区基坑开挖应严格按规定进行（　　）处理。

A. 保温　　　　　　B. 降水　　　　　　C. 地基　　　　　　D. 放坡

19. 钢筋调直到末端时，操作人员应避开，以防钢筋短头舞动伤人，短于（　　）或者直径大于（　　）的钢筋调直，应低速加工。

A.2 m、9 mm　　　B.1 m、9 mm　　　C.2 m、6 mm　　　D.1 m、6 mm

20. 在坑沟边使用机械挖土时，应计算（　　），确保作业安全。

A. 支撑高度　　　　B. 支撑强度　　　　C. 支撑压力　　　　D. 支撑深度

二、多选题（10 题，每题 2 分，共 20 分）

1. "三不伤害"指（　　）。

A. 不伤害自己　　　　　　　　　　B. 不伤害他人

C. 不被他人伤害　　　　　　　　　D. 伤害他人，不伤害自己

2. 关于充（换）电设备安装，以下说法正确的是：（　　）。

A. 对充（换）电设备底座叉车孔、设备基础进线孔进行严密封堵，规范设备内部线缆走线

B. 充电桩、整流柜等充电设备带电前，本体外壳应可靠且明显接地

C. 充（换）电设备就位要防止倾倒伤人和损坏设备，撬动就位时人力应足够，指挥应统一；狭窄处应防止挤伤

D. 充（换）电设备底加垫时不得将手伸入底部，防止安装时挤轧手脚

3. 关于充（换）电设备调试、接入说法正确的是：（　　）。

A. 充（换）电设备准备启动或带电时，其附近应设遮栏及安全标志牌或派专人看守

B. 在车辆充电过程中，严禁因外界气温不适在车内休息，禁止在充电过程中使用车辆照明、取暖等由电池供电的车辆功能

C. 通电调试、接入过程中，调试人员可以中途离开

D. 完成各项作业检查、办理交接，未经许可、登记，不得擅自再进行任何检查和检修、安装作业

4. 深入开展风险预警管控的原则是：（　　）。

A. 全面评估　　　B. 先降后控　　　C. 分级预警　　　D. 分层管控

5. 施工机具应定期进行（　　　）。

A. 试用　　　　　　B. 保养　　　　　　C. 维护　　　　　　D. 修理

6. 动火作业，是指（　　　）。

A. 能直接产生明火的作业　　　　　　B. 能间接产生明火的作业

C. 包括熔化焊接、切割、喷枪等作业　　D. 包括喷灯、钻孔、打磨、锤击、破碎、切削等作业

7. 动火作业应有专人监护，动火作业前应（　　　）。

A. 清除动火现场及周围的易燃物品

B. 采取其他有效的防火安全措施

C. 配备足够适用的消防器材

D. 公司安监部门签发人、监护人全部到位

8. 下列情况下禁止动火：（　　　）、遇有火险异常情况未查明原因和消除前。

A. 压力容器或管道未泄压前

B. 存放易燃易爆物品的容器未清洗干净前或未进行有效置换前

C. 风力达 5 级以上的露天作业

D. 喷漆现场

9. 本质安全是内在的预防和抵御事故风险的能力，其核心要素有（　　　）。

A. 队伍建设　　　　B. 电网结构　　　　C. 设备质量　　　　D. 管理制度

10. 安全带的挂钩或绳子（　　　）。

A. 可挂在移动物件上　　　　　　B. 挂在专为挂安全带用的钢丝绳上

C. 应采用高挂低用的方式　　　　D. 应挂在结实牢固的构件上

三、判断题（对的打"√"，错的打"×"，20 题，每题 2 分，共 40 分）

1. 班（组）每周或每个轮值进行一次安全日活动，活动内容应有针对性，能够结合工作实际，并做好记录。（　　　）

2. 口对口（鼻）的人工呼吸，每次吹气量不要过大，成人约 500 mL。（　　　）

3. 特殊气候条件下，如雷雨、大雾、大风等天气时，现场检查人员应避免户外设备巡视工作。（　　　）

4. 发生人身触电事故，应立即报告上级领导，并断开有关设备的电源。（　　　）

5. 所有配电装置的适当地点均应设有与接电网相连的接地端，接地电阻应合格。（　　　）

6. 作业现场的生产条件和安全设施等应符合有关法律的要求，工作人员的劳动防护用品应合格、齐备。（　　）

7. 在一个电气连接部分同时有检修和试验时，必须填用两张工作票。（　　）

8. 在工作中遇雷、雨、大风或其他任何情况威胁到工作人员的安全时，工作负责人或工作票签发人可根据情况，临时停止工作。（　　）

9. 配电设备接地设备接地电阻不合格时，应戴绝缘手套方可接触箱体。（　　）

10. 在配电线路及设备上工作保证安全的技术措施有停电、验电、接地、悬挂标示牌和装设遮栏。（　　）

11. 生产经营单位的安全生产责任制应当明确各岗位的责任人员、责任范围和考核标准等内容。（　　）

12. 从事特种作业的劳动者必须经过专门培训并取得特种作业资格。（　　）

13. 用人单位招用劳动者，可以扣押劳动者的居民身份证和其他证件，可以要求劳动者提供担保或者以其他名义向劳动者收取财物。（　　）

14. 施工现场安全由建筑施工企业负责，实行施工总承包的，由总承包单位负责。（　　）

15. 建筑施工企业应当依法为职工参加工伤保险，缴纳工伤保险费，鼓励企业为从事危险作业的职工办理意外伤害保险，支付保险费。（　　）

16. 火灾扑灭后，发生火灾的单位和相关人员应当按照公安机关消防机构的要求保护现场，接受事故调查，如实提供与火灾有关的情况。（　　）

17. 营销服务场所应装设火灾自动报警装置或固定灭火装置。（　　）

18. 施工单位主要负责人和实际控制人依法对本单位的安全生产工作全面负责。（　　）

19. 企业在安全生产许可证有效期内，应严格遵守有关安全生产的法律法规，未发生死亡事故的，安全生产许可证有效期届满时，经原安全生产许可证颁发管理机关同意，不再审查，安全生产许可证有效期延期3年。（　　）

20. 施工单位应当根据不同施工阶段和周围环境及季节、气候的变化，在施工现场采取相应的安全施工措施。施工现场暂时停止施工的，施工单位应当做好现场防护，所需费用由施工单位承担，或者按照合同约定执行。（　　）

【参考答案】

一、单选题

1.D　2.A　3.A　4.C　5.B　6.C　7.C　8.B　9.D　10.A　11.B　12.A
13.A　14.A　15.A　16.D　17.D　18.D　19.A　20.B

二、多选题

1.ABC　2.ABCD　3.ABD　4.ABCD　5.BC　6.ABCD　7.ABCD　8.ABCD
9.ABCD　10.BCD

三、判断题

1.√　2.√　3.√　4.×　5.√　6.√　7.√　8.√　9.×　10.√　11.√　12.√
13.×　14.√　15.√　16.√　17.√　18.×　19.√　20.×

第九节　基建专业准入考试模拟卷

一、线路工程项目管理

线路工程项目管理专业模拟题
（50题，单选20题，多选10题，判断20题）

一、单选题（20题，每题2分，共40分）

1. 图5-101中红线标示部分存在哪种违章行为：（　　　）。

图5-101

A. 枕木未垫满   B. 未垫枕木

C. 未清理障碍物   D. 未设置安全围栏

2. 插接的环绳或绳套，其插接长度应不小于钢丝绳直径的 15 倍，且不准小于（　　）。

A. 100 mm   B. 300 mm   C. 200 mm   D. 400 mm

3. 图 5-102 中红线标示部分存在哪种违章行为:（　　）。

图 5-102

A. 未放置安全围栏   B. 放线区段跨越架无验收记录牌

C. 吊车接地线的连接点不牢固   D. 地脚螺栓未紧固

4. 图 5-103 中绞磨接地钎埋设深度不足 0.6 m，属于（　　）。

图 5-103

A. Ⅰ类严重违章   B. Ⅱ类严重违章   C. Ⅲ类严重违章   D. 一般违章

5. 图 5-104 中红线标示部分存在哪种违章行为：（　　　）。

图 5-104

A. 地锚埋设未做防雨防沉降措施　　　　B. 固定在地锚上的拉线超过两根

C. 使用弯曲和变形严重的钢质地锚　　　D. 使用树枝作为地锚

6. 图 5-105 中红线标示部分操作牵张机人员没有站在（　　　）上作业。

图 5-105

A. 绝缘木　　　　　B. 绝缘垫　　　　　C. 绝缘棒　　　　　D. 绝缘靴

7. 图 5-106 中红线标示部分存在哪种违章行为：（　　　）。

图 5-106

A. 作业人员未沿脚钉上下塔　　　　　B. 梯子无限高标志

269

C. 人字梯限制开度的绳索不牢固　　　D. 脚手架工作平台脚手板未铺满

8. 使用伸缩式验电器时应保证绝缘的（　　）。

A. 长度　　　　　　　B. 有效　　　　　　C. 有效长度　　　　　　D. 良好

9. 插入式振动器作业时，振动器软管的弯曲半径不得小于（　　）。

A.300 mm　　　　　B.400 mm　　　　　C.500 mm　　　　　D.450 mm

10. 下列关于特殊作业说法不正确的是（　　）。

A. 高处作业区附近有带电体时，应与带电体保持一定的安全距离，并设置提醒和警示标志，设置专人监护

B. 进行上下交叉或多人在一处作业时，施工人员应采取有效的防高处落物、防人员坠落和防碰撞措施，并相互照应，密切配合

C. 起重作业中，施工人员不得进入起重臂、抱杆及吊件垂直下方和受力钢丝绳内角侧，应正确使用起重工器具，不得"以大代小"

D. 停电作业时，施工人员在未接到停电许可工作命令前，严禁接近带电体

11. 抱杆提升过程中，随着抱杆的提升应用缓松器同步缓慢放松拉线，使抱杆始终保持（　　）状态。

A. 水平　　　　　　　B. 倾斜　　　　　　C. 竖直　　　　　　D. 自由

12. 架空输电线路金具本体不应出现变形、锈蚀、烧伤、裂纹，金具连接处应转动灵活，强度不应低于原值的（　　）。

A.0.7　　　　　　　B.0.75　　　　　　C.0.8　　　　　　D.0.85

13. 站内配电线路宜采用直埋电缆敷设，埋设深度不得小于（　　），并在地面设置明显提示标志。

A.0.5 m　　　　　　B.0.8 m　　　　　　C.0.7 m　　　　　　D.1 m

14. 安全围栏应与警告标志配合使用，在同一方向上警告标志每（　　）至少设一块。

A.5 m　　　　　　　B.10 m　　　　　　C.15 m　　　　　　D.20 m

15. 现场指挥人员站在能够观察到各个岗位的位置，在抱杆脱帽前应位于四点一线的垂直面上，不得站在总牵引地锚受力的（　　）。

A. 后方　　　　　　　B. 前方　　　　　　C. 侧方　　　　　　D. 下方

16. 输变电工程施工安全风险，是指在输变电工程施工作业中，对某种（　　）的风险情况发生的可能性、后果严重程度和事故发生频度三个指标的综合描述。

A. 可预测　　　　　　B. 可预见　　　　　C. 可评估　　　　　D. 可预知

17.（　　　）单位是输变电工程施工安全风险管理的责任主体。

A. 监理　　　　　　　B. 建设　　　　　　　C. 施工　　　　　　　D. 设计

18. "风险识别、评估清册"中的风险编号具有（　　　），不得变更。

A. 准确性　　　　　　B. 唯一性　　　　　　C. 独立性　　　　　　D. 特殊性

19. 作业开展前（　　　）天，施工项目部将三级及以上风险作业计划报业主、监理项目部及本单位；业主、监理项目部收到作业计划后分别报上级主管单位。

A. 一　　　　　　　　B. 三　　　　　　　　C. 五　　　　　　　　D. 七

20. 输变电工程施工现场风险管控具体手段通过（　　　）来实现。

A. 现场实时监控　　　　　　　　　　　B. 施工作业票

C. 安全风险管理措施　　　　　　　　　D. 每日站班会

二、多选题（10 题，每题 2 分，共 20 分）

1. 图 5-107 中耐张塔挂线前，未将绝缘子串进行（　　　），存在感应电（　　　）风险。

图 5-107

A. 对接　　　　　　　B. 短接　　　　　　　C. 触电　　　　　　　D. 高坠

2. 图 5-108 中放紧线施工，电杆杆基存在（　　　）风险。

图 5-108

A. 地脚螺栓紧固不到位　　　　　　　　B. 严重塌陷

C. 倒杆　　　　　　　　　　　　　　　D. 触电

3. 塔上组装，下列规定正确的是（　　　）。

A. 塔片就位时应先高侧后低侧

B. 多人组装同一塔段（片）时，应由一人负责指挥

C. 高处作业人员应站在塔身外侧

D. 需要地面人员协助操作时，应经现场指挥人下达操作指令

4. 规范电力事故事件及相关信息的报送工作，畅通报送渠道，确保及时、准确、完整。对于（　　　）事故的单位和个人，依法依规予以处理。

A. 瞒报　　　　　　B. 谎报　　　　　　C. 漏报　　　　　　D. 迟报

5. 图 5-109 中存在哪些违章行为：（　　　）。

图 5-109

A. 施工电源箱未配置漏电保护器　　　　B. 无检查记录

C. 施工电缆随意敷设　　　　　　　　　D. 临时配电箱无一次接线图

6. 根据《国家电网有限公司基建安全管理规定》，基建安全检查可分为（　　　）等方式。

A. 例行检查　　　　B. 专项检查　　　　C. 随机检查　　　　D. 安全巡查

7. 根据《国家电网有限公司基建安全管理规定》，下列关于基建管理部门分管负责人职责说法正确的是（　　　）。

A. 负责组织制定本单位基建安全年度工作计划

B. 组织制定基建安全教育培训计划

C. 审定基建安全管理年度重点工作计划

D. 组织审核备选分包商名册

8. 加强安全危险因素分析，制定落实电力安全措施和反事故措施计划，形成安全隐患（　　）的闭环管理长效机制。

A. 排查　　　　　　　B. 整改　　　　　　　C. 治理　　　　　　　D. 消除

9. 根据《国家电网有限公司基建安全管理规定》，下列属于危险性较大的分布分项工程的是（　　）。

A. 开挖深度超过 3 m 的基坑

B. 用于钢结构安装等满堂支撑体系

C. 起重机械设备自身的安装、拆卸

D. 搭设高度 24 m 及以上的落地式钢管脚手架工程

10. 加强设备（　　），完善设备安全监视与保护装置。

A. 状态监测　　　　　B. 设备维护　　　　　C. 设备养护　　　　　D. 巡视检查

三、判断题（对的打"√"，错的打"×"，20 题，每题 2 分，共 40 分）

1. 图 5-110 中的做法符合规范。（　　）

图 5-110

2. 图 5-111 中的锚桩在紧线时有松动拔出风险。（　　）

图 5-111

3. 起吊物体应绑扎牢固，吊钩应有防止脱钩的保险装置。（　　　）

4. 图 5-112 作业区域内侧禁止有人通过。（　　　）

图 5-112

5. 遇雷、雨、大风等情况威胁到人员、设备安全时，作业负责人或专责监护人应下令停止作业。（　　　）

6. 内悬浮外拉线抱杆拆除时，应采取措施防止抱杆旋转、摆动。（　　　）

7. 图 5-113 所示的帽子可以代替安全帽。（　　　）

图 5-113

8. 内悬浮外拉线抱杆组塔，应根据抱杆承载能力、横担重量、横担结构分段等条件，确定采用整体吊装或分段分片吊装方式。（　　　）

9. 事故紧急抢修只能填用事故紧急抢修单。（　　　）

10. 铁塔组立应有防止塔材磨损、变形的措施，临时接地应连接可靠，每段安装完毕铁塔辅材、螺栓应装齐，严禁强行组装。（　　　）

11. 从业人员发现直接危及人身安全的紧急情况时，立即撤离作业场所。（　　　）

12. 使用二氧化碳灭火器时，人应该站在下风位。（　　　）

13. 地脚螺栓安装时，严禁敲打丝扣部分。回收螺母应一脚一串，单基包装。（　　　）

14. 地脚螺栓及钢筋规格、数量、安装位置应符合设计要求，加工质量符合规范且制作工艺良好。（　　）

15. 冬季养护阶段，禁止作业人员进棚取暖，进棚作业应设棚内专人监护。（　　）

16. 当浇筑深度在 2 m 以内时可直接将混凝土浇筑入基坑内。（　　）

17. 大坑口基础搭设的浇筑平台横梁应加撑杆。（　　）

18. 流动式起重机吊件离开地面约 100 mm 时应暂停起吊并进行检查，确认无异常。（　　）

19. 临时地锚应在上方覆盖防雨布、周围挖设排水沟，以避免被雨水浸泡。（　　）

20. 利用悬浮抱杆分解组立杆塔时，应检查金属抱杆的整体弯曲不超过杆长的 1/500。（　　）

【参考答案】

1.A　2.B　3.B　4.C　5.A　6.B　7.D　8.C　9.C　10.C　11.C　12.C 13.C　14.D　15.B　16.B　17.C　18.B　19.D　20.B

二、多选题

1.BC　2.BC　3.BD　4.ABCD　5.ABCD　6.ABCD　7.ABD　8.ABD 9.ABCD　10.ABD

三、判断题

1.×　2.√　3.√　4.√　5.√　6.√　7.×　8.√　9.×　10.×　11.×　12.× 13.√　14.√　15.×　16.√　17.√　18.√　19.√　20.×

二、变电土建项目管理

变电土建项目管理专业模拟题
（50题，单选20题，多选10题，判断20题）

一、单选题（20题，每题2分，共40分）

1. 拉绞磨尾绳不应少于两人，且应位于锚桩后面、绳圈外侧，距离绞磨不得小于（　　）。

A.1 m　　　　B.1.5 m　　　　C.2 m　　　　D.2.5 m

2. 图 5-114 中装设的接地线应该满足大于（　　　）埋深最低要求。

图 5-114

A.50 cm　　　　　　B.60 cm　　　　　　C.40 cm　　　　　　D.30 cm

3. 图 5-115 中红线标示部分存在哪种违章行为：（　　　）。

图 5-115

A. 电缆沟道、坑洞未设置安全警示标志及安全防护措施

B. 现场作业人员未佩戴安全帽进入作业现场

C. 跨越架未挂验收牌

D. 未搭设跨越架

4. 图 5-116 中新增屏柜未设置（　　　）标示牌。

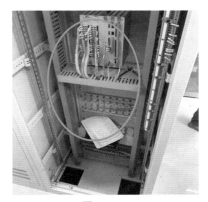

图 5-116

A."请勿打扰"   B."在此工作"   C."请勿靠近"   D."请勿触摸"

5. 图 5-117 中钢管跨越架横杆、立杆扣件距离端部不得小于（   ）。

图 5-117

A.100 mm   B.200 mm   C.250 mm   D.300 mm

6. 图 5-118 中红线标示部分存在哪种违章行为：（   ）。

图 5-118

A. 现场使用的接地铜线散股且与接地极单螺母固定

B. 现场使用的接地极紧贴杆根装设

C. 现场使用的接地极埋设于碎石中

D. 现场使用的接地极与接地铜线连接不符合要求

7. 图 5-119 中红线标示部分存在哪种违章行为：（　　　　）。

图 5-119

A. 未使用速差自控器或安全自锁器等装置

B. 登杆作业未使用安全带

C. 现场水泥杆法兰起吊处 U 形环横向受力

D. 未设置安全围栏

8. 高处作业人员必须使用提前设置的（　　　　）。高处作业所用的工具和材料放在工具袋内或用绳索拴在牢固的构件上，较大的工具系有保险绳。上下传递物件使用绳索，不得抛掷。

A. 垂直攀登自锁器　　B. 绝缘手套　　　　C. 绝缘靴　　　　　D. 个人保安线

9. 防火墙大面积（超长、超高）钢模板站内二次运输过程中，以下描述正确的是（　　　　）。

A. 防火墙大面积自制钢模板由预制和处置场地运输至防火墙模板架设作业现场过程中，宜使用叉车进行装卸

B. 装卸过程中作业人员不得在吊件和吊车臂活动范围内的下方停留和通过。在吊装钢模板作业区域应设置警戒线

C. 搬运过程中，应采取牢固的措施封车，车的行驶速度应小于 15km/h

D. 钢模板装车后应摆放整齐，以防运输过程中的晃动和倾斜，并保持大面积钢模板水平、稳定放置，严禁人货混装

10. 搭设完的脚手架应经技术负责人及（　　）验收合格，并挂牌后方可投入使用。

A. 质检员　　　　　　B. 安全员　　　　　　C. 材料员　　　　　　D. 施工员

11. 以下关于阀厅通风系统安装，错误的是（　　）。

A. 起重机械应取得安全准用证并在有效期内，起重工器具应经过安全检验合格后方可使用

B. 起吊物应绑牢，并有防止倾倒措施

C. 安装风管时，应注意周围有无障碍物，并注意不得碰撞钢屋架；风管未经稳固，严禁脱钩

D. 起重工作区域内应设警戒线，无关人员不得停留，可以快速通过

12.（　　）电力事故，由国家能源局组织或参与调查，有关派出能源监管机构和省级政府电力管理等有关部门参加。

A. 特别重大　　　　　B. 重大　　　　　　　C. 较大　　　　　　　D. 一般

13. 对于发生事故的单位，负责组织事故调查的部门要在事故结案后（　　）内对其进行评估，存在履职不力、整改措施不落实或落实不到位的，依法依规严肃追究有关单位和人员责任，并及时向社会公开。

A.3 个月　　　　　　B. 半年　　　　　　　C.1 年　　　　　　　D.2 年

14. 使用切断机切断大直径钢筋时，切割短于（　　）的短钢筋应用钳子夹牢。

A.200 mm　　　　　B.300 mm　　　　　　C.400 mm　　　　　　D.500 mm

15. 混凝土投料高度超过（　　）时，应使用溜槽或串筒。

A.1 m　　　　　　　B.1.5 m　　　　　　　C.2 m　　　　　　　　D.2.5 m

16. 脚手架横向扫地杆搭设时，当立杆基础在不同高度上时，必须将高处的纵向扫地杆向低处延长两跨与立杆固定，高低差不应大于（　　）。靠边坡上方的立杆轴线到边坡的距离不应小于 500 mm。

A.0.6 m　　　　　　B.0.8 m　　　　　　　C.1 m　　　　　　　　D.1.2 m

17. 安装间隔棒时，安全带挂在（　　）子导线上，后备保护绳挂在整相导线上。

A. 三根　　　　　　　B. 一根　　　　　　　C. 两根　　　　　　　D. 整根

18. 混凝土运输车辆进入现场后，应设（　　）指挥。指挥人员必须站位于车辆侧面。

A. 专人　　　　　　　B. 临时　　　　　　　C. 现场负责人　　　　D. 安全员

19. 开挖时严禁人员进入挖斗内，（　　　）。

A. 严禁在伸臂及挖斗四周通过或逗留

B. 视情况，不得长时间在伸臂及挖斗下面通过或逗留

C. 严禁在伸臂及挖斗下面通过或逗留

D. 可以在伸臂及挖斗下面通过或短暂逗留

20. 钢筋码放高度不得超过（　　　），并禁止抛摔。

A.1 m   B.1.2 m   C.1.5 m   D.1.6 m

二、多选题（10 题，每题 2 分，共 20 分）

1. 图 5-120 中现场起吊作业未设（　　　）。

图 5-120

A. 围栏   B. 枕木   C. 红布幪   D. 安全警示标识

2. 作业票签发后，作业负责人应向全体作业人员交待（　　　）。

A. 作业分工   B. 作业任务   C. 安全措施   D. 注意事项

3. 施工现场道路跨越沟槽时应搭设牢固的便桥，经验收合格后方可使用。便桥应符合（　　　）。

A. 人行便桥的宽度不得小于 1 m   B. 手推车便桥的宽度不得小于 1.5 m

C. 汽车便桥的宽度不得小于 3 m   D. 汽车便桥的宽度不得小于 3.5 m

4. 钢筋混凝土电杆堆放应符合（　　　）。

A. 地面应平整、坚实   B. 杆段下方应设支垫

C. 两侧应掩牢   D. 堆放高度不得超过 4 层

5. 施工用电电缆线路应采用（　　　）。

A. 埋地或架空敷设   B. 埋深不小于 0.5 m

C. 禁止沿地面明设   D. 应避免机械损伤和介质腐蚀

6. 现场施工用电，电缆接头处应有（　　　）的措施。

A. 防水　　　　　　　　B. 防晒　　　　　　　　C. 抗弯曲　　　　　　　　D. 防触电

7. 下列对爆破施工描述正确的是（　　　）。

A. 爆破施工单位应按规定取得相应资质

B. 作业人员应取得相应资格

C. 爆破材料应自行妥善保管

D. 爆破器材均应符合国家标准

8. 钢筋工程中，下列有关钢筋安装描述正确的是（　　　）。

A. 不得站在钢箍上绑扎柱钢筋

B. 起吊预制钢筋骨架时，下方不得站人，待骨架吊至离就位点 1 m 以内时方可靠近，就位并支撑稳固后方可摘钩

C. 脚手架上可放置工具、箍筋

D. 登高时应将工具随身携带

9. 改、扩建工程开工前，施工单位应编制（　　　）的物理和电气隔离方案，并经设备运维单位会审确认。

A. 施工区域　　　　B. 材料区域　　　　C. 加工区域　　　　D. 运行部分

10. 风险监督工作包括（　　　）、风险作业控制结果、人员到岗到位情况。

A. 作业实际开始时间　　　　　　　　B. 控制措施落实情况核查

C. 作业进程　　　　　　　　　　　　D. 作业实际结束时间

三、判断题（对的打"√"，错的打"×"，20 题，每题 2 分，共 40 分）

1. 图 5-121 中临时拉线的固定方式符合规范。（　　　）

图 5-121

2. 图 5-122 中的地锚未采取防雨及防沉降措施。（　　　）

图 5-122

3. 图 5-123 中现场应该设置接地滑车。（　　　）

图 5-123

4. 图 5-124 中接地线采用的方式符合规范。（　　　）

图 5-124

5. 图 5-125 中抡大锤的方式符合规范。(　　)

图 5-125

6. 作业负责人允许变更一次，并经签发人同意。(　　)

7. 作业现场风险等级等条件发生变化，应完善措施，重新办理作业票。(　　)

8. 氧气瓶与乙炔瓶同车运输要卧放并采取防滚动措施。(　　)

9. 土方挖掘作业坑底面积超过 $2\,m^2$ 时，可由两人同时挖掘。(　　)

10. 施工用金属房外壳（皮）应可靠接地。(　　)

11. 在高处安装与拆除模板时，作业人员可从模板、支撑上攀登上下，但不得在高处独木或悬吊式模板上行走。(　　)

12. 在母线和横梁上作业或新增设母线与带电母线靠近、平行时，母线不得接地，并制定严格的防静电措施，作业人员应穿静电感应防护服或屏蔽服作业。(　　)

13. 优化工程选线、选址方案，规范开工程序，完善建设施工安全方案和相应安全防护措施，认真做好电力建设工程设计审核和阶段性验收工作（含防雷设施）。(　　)

14.《中华人民共和国安全生产法》规定，从业人员超过 300 人的，应当设置安全生产管理机构或者配备专职安全生产管理人员。(　　)

15. 高压配电装置应装设隔离开关，隔离开关分断时应有明显断开点。(　　)

16.《中华人民共和国安全生产法》规定，生产经营单位的总经理对本单位的安全生产工作全面负责。(　　)

17.《中华人民共和国道路交通安全法实施条例》规定，机动车通过施工作业路

段时，应当注意警示标志、提示标识。（　　　）

18. 禁止利用易燃、易爆气体或液体管道作为接地装置的自然接地体。（　　　）

19. 施工现场用电设备等应有专人进行维护和管理。（　　　）

20. 储存易燃、易爆液体或气体仓库的保管人员，应穿着棉、麻等不易产生静电的材料制成的服装入库。（　　　）

【参考答案】

一、单选题

1.D　2.B　3.A　4.B　5.A　6.D　7.C　8.A　9.B　10.A　11.D　12.B　13.C
14.C　15.C　16.C　17.B　18.A　19.C　20.C

二、多选题

1.ABD　2.ABCD　3.ABD　4.ABC　5.ACD　6.AD　7.ABD　8.AB
9.AD　10.ABCD

三、判断题

1.×　2.√　3.√　4.×　5.×　6.√　7.√　8.×　9.×　10.√　11.×　12.×
13.√　14.×　15.√　16.×　17.×　18.√　19.√　20.√

三、变电电气项目管理

变电电气项目管理专业模拟题
（50题，单选20题，多选10题，判断20题）

一、单选题（20题，每题2分，共40分）

1. 背靠背高压直流系统一侧进行空载加压试验前，应检查另一侧换流变压器是否处于（　　　）状态。

A. 投入　　　　　　B. 退出　　　　　　C. 冷备用　　　　　　D. 热备用

2. 变电站软母线安装，线盘架设应选用与线盘相匹配的放线架，且架设平稳。放线人员应站在线盘的（　　　）。

A. 前方　　　　　　B. 后方　　　　　　C. 侧面　　　　　　D. 侧后方

3. 图 5-126 中红线标示部分存在哪种违章行为：（　　　）。

图 5-126

A. 现场临时用电未装设漏电保护开关　　B. 电缆线老化开裂

C. 吊车接地使用低压接地线替代　　　　D. 接地线导线端安装不牢固

4. 图 5-127 中现场安全警告标识不齐全，无（　　）标示牌。

图 5-127

A. "禁止打扰"　　　　　　　　　　B. "禁止靠近"

C. "禁止攀登、高压危险"　　　　　D. "工作中请勿打扰"

5. 图 5-128 中有限空间作业可燃气体浓度（　　）规程限值。

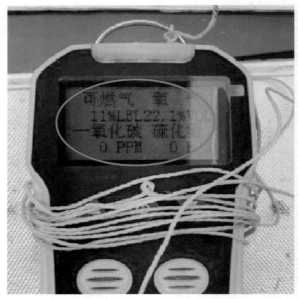

图 5-128

A. 等于   B. 超过   C. 低于   D. 远低于

6. 下列选项不符合起重作业规定的是（   ）。

A. 利用限位装置代替操纵机构时注意控制荷载

B. 在起重臂、吊钩、平衡重等转动体上应标以鲜明的色彩标志

C. 操作人员应按规定的起重性能作业，禁止超载

D. 起重作业应由专人指挥，分工明确

7. 下列选项不符合焊接与切割规定的是（   ）。

A. 焊接与切割的作业场所应有良好的照明

B. 焊接作业人员衣着不得敞领卷袖

C. 作业人员在观察电弧时，应使用带有滤光镜的头罩或手持面罩

D. 焊接或切割作业现场存在火灾隐患时要安排专人进行防护

8. 禁止在储存或加工易燃、易爆物品的场所周围（   ）范围内进行焊接或切割作业。

A.10 m   B.8 m   C.7 m   D.5 m

9. 高处作业时，电焊机及其他焊割设备与高处焊割作业点的下部地面保持（   ）以上的间隔，并应设监护人。

A.5 m   B.7 m   C.8 m   D.10 m

10. 氩气瓶不许撞砸，立放应有支架，并远离明火（　　）以上。

A.3 m B.2.5 m C.2 m D.1 m

11. 下列选项不符合冬季施工规定的是（　　）。

A. 用火炉取暖时，应采取防止一氧化碳中毒的措施

B. 基坑、槽的施工方案应根据土质情况制定边坡防护措施

C. 油箱或容器内的油料冻结时，应用火慢慢烤化

D. 用明火加热时，配备足量的消防器材

12. 改、扩建工程中运行区域户外施工作业，采用升降车作业时，应两人进行，一人作业，另一人（　　），升降车应可靠接地。

A. 接地 B. 监护 C. 指挥 D. 监督

13. 下列选项不符合山区及林（牧）区施工规定的是（　　）。

A. 防火期施工指定专人携带火种上山作业

B. 山区及林（牧）区施工应严格遵守环境保护相关工作

C. 山区及林（牧）区施工做好防毒蛇、野兽、毒蜂等生物的侵害措施

D. 山区及林（牧）区施工应防止误踩深沟、陷阱

14. 施工用金属房内配电设备前端地面应铺设（　　）。

A. 绝缘橡胶板 B. 绝缘木地板 C. 地毯 D. 工业自流坪

15. 配电箱送电应按照（　　）顺序进行操作。

A. 总配电箱→分配电箱→末级配电箱

B. 分配电箱→末级配电箱→总配电箱

C. 总配电箱→末级配电箱→分配电箱

D. 末级配电箱→分配电箱→总配电箱

16. 根据土质情况采取相应护壁措施防止塌方，第一节护壁应高于地面（　　）。

A.100 ～ 150 mm B.100 ～ 200 mm

C.200 ～ 300 mm D.150 ～ 300 mm

17. 地下主体结构施工，在进行钢支撑安装施工时，下列说法正确的是（　　）。

A. 施工现场作业区域、应设置施工围栏和安全标志

B. 起重机械未经过进场检查，各部位动作灵敏

C. 吊装过程应缓慢，不需有专人指挥

D. 钢支撑提升离开基座 20 cm 时应停下检查

18. 使用氧气、乙炔时，两瓶间距不得小于（　　）。

A.2 m   B.3 m   C.5 m   D.8 m

19. 关于土石方开挖与运输，下列说法正确的是（   ）。

A. 开挖前，设置安全隔离区，挂设安全警告等标牌，禁止非作业人员进入，夜间应挂设黄灯予以警示

B. 定制安装的取土口设备，应有专人操作，上岗前做好培训交底，无需设专人指挥

C. 土方运输宜采用皮带或机械吊运形式。梁、板下土方应在混凝土强度满足设计要求时，方可进行开挖，并及时清运土方，可以在楼板和基坑周围堆置土方

D. 在地下挖土时，应按规定路线挖掘，按照由高至低、由外至里，放坡挖掘，避免塌方

20. 焊枪点火时，按照先开（   ）阀、后开（   ）阀的顺序操作，喷嘴不得对人。（   ）

A. 乙炔；氧气   B. 氧气；乙炔   C. 氧气；氮气   D. 氮气；氧气

二、多选题（10 题，每题 2 分，共 20 分）

1. 钢筋混凝土电杆堆放应符合（   ）。

A. 地面应平整、坚实   B. 杆段下方应设支垫

C. 两侧应掩牢   D. 堆放高度不得超过 4 层

2. 智能变电站调试传动前，应将（   ）的检修压板合上，试验完成后，再将所有检修压板退出。

A. 母联保护装置   B. 合并单元   C. 控制保护装置   D. 智能终端设备

3. 在有尘毒危害环境下作业的施工人员应配备（   ）。

A. 防毒面具   B. 防尘口罩   C. 防护眼镜   D. 防护手套

4. 现场作业人员违反有限空间"先（   ）、再（   ）、后（   ）"管理规定，检测气体时，已有作业人员在井中作业。

A. 通风   B. 通气   C. 检测   D. 作业

5. 现场施工用电，电缆接头处应有（   ）的措施。

A. 防水   B. 防晒   C. 抗弯曲   D. 防触电

6. 施工用电电源线、保护接零线、保护接地线应采用（   ）等方法连接。

A. 插接   B. 焊接   C. 压接   D. 螺栓连接

7. 系统调试必须确认待试验的（   ）（试验系统）与（   ）已完全隔离后

方可按开始工作，严防（　　　）及误碰（　　　）。

    A. 稳定控制系统　　　B. 运行系统　　　　　C. 走错间隔　　　　　D. 无关带电端子

    8. 施工用电接地装置人工垂直接地体宜采用热浸镀锌（　　　），长度宜为 2.5 m。

    A. 螺纹钢　　　　　　B. 圆钢　　　　　　　C. 角钢　　　　　　　D. 钢管

    9. 逆作法施工时，在地下挖土时，应按规定路线挖掘，按照（　　　）、（　　　），放坡挖掘，避免塌方。

    A. 由高到低　　　　　B. 由低到高　　　　　C. 由外至里　　　　　D. 由里至外

    10. 关于高处作业的规定，下列描述正确的是（　　　）。

    A. 杆塔组立、脚手架施工等高处作业时，应采用速差自控器等后备保护设施

    B. 安全带及后备防护设施应低挂高用

    C. 高处作业人员应衣着灵便，衣袖、裤脚应扎紧，穿软底防滑鞋

    D. 高处作业过程中，应随时检查安全带绑扎的牢靠情况

三、判断题（对的打"√"，错的打"×"，20 题，每题 2 分，共 40 分）

1. 图 5-129 现场施工电源线连接方式不符合规范。（　　　）

图 5-129

    2. 换流阀厅设备安装过程中，悬吊式阀塔设备吊装应从下而上，吊装过程中应注意保持水平。（　　　）

    3. 图 5-130 中作业前应该对有毒有害气体进行检测。（　　　）

图 5-130

4. 图 5-131 中的通风措施不符合要求。（　　　）

图 5-131

5. 图 5-132 中的临时电源箱放置方式不符合规范。（　　　）

图 5-132

6. 对经过带电运行和试验的电容器组充分放电后方可进行安装和试验。（　　）

7. 冬季采用火炉暖棚法施工，应制定相应的防火和防止一氧化碳中毒措施，并设 1 个专人值班。（　　）

8. 攀登无爬梯或无脚钉的杆塔等设施应使用相应工具，多人沿同一路径上下同一杆塔等设施时应逐个进行。（　　）

9. 在霜冻、雨雪后进行高处作业，人员应采取防冻和防滑措施。（　　）

10. 在氧气浓度、有害气体、可燃性气体、粉尘的浓度可能发生变化的环境中进行检测时，检测的时间不宜早于作业开始前 20 min。（　　）

11. 有限空间作业中发生事故，现场有关人员应当立即组织力量进行施救。（　　）

12. 起重作业时，操作人员应按照指挥人员的信号进行作业，遇有信号不清时，操作人员执行作业完毕后可向指挥人员提建议。（　　）

13. 进行焊接或切割作业时，操作人员应穿戴专用工作服、绝缘鞋、防护手套等符合专业防护要求的劳动保护用品。（　　）

14. 滑车的缺陷应及时焊补补强。（　　）

15. 卸扣不得处于吊件的转角处，不得横向受力。（　　）

16. 作业人员进入含有六氟化硫电气设备的室内时，入口处若无六氟化硫气体含量显示器，应先通风 10 min，并检测六氟化硫气体含量合格；禁止单独进入六氟化硫配电装置室内作业。（　　）

17. 拆卸钢管及更换模具时，操作人员不得戴手套，以防卷入磨具内。（　　）

18. 安全工器具应设专人管理，收发应严格履行验收手续，并按照相关规定和使用说明书检查、使用、试验、存放和报废。（　　）

19. 氧气瓶、乙炔气瓶的瓶阀冻结时严禁用工具敲打，可用温火慢慢烘烤。（　　）

20. 动火作业间断或终结后，应清理现场，方可离开。（　　）

【参考答案】

一、单选题

1.C　2.D　3.A　4.C　5.B　6.A　7.D　8.A　9.D　10.A　11.C　12.B　13.A　14.A　15.A　16.D　17.A　18.C　19.D　20.A

二、多选题

1.AB 2.BCD 3.ABCD 4.ACD 5.AD 6.BCD 7.ABCD 8.BCD
9.AC 10.ACD

三、判断题

1.√ 2.× 3.√ 4.√ 5.√ 6.√ 7.× 8.√ 9.√ 10.× 11.× 12.×
13.√ 14.× 15.√ 16.× 17.× 18.√ 19.× 20.×

四、线路基础作业

线路基础作业专业模拟题
（50题，单选20题，多选10题，判断20题）

一、单选题（20题，每题2分，共40分）

1. 图5-133中红线标示部分存在哪种违章行为：（　　　）。

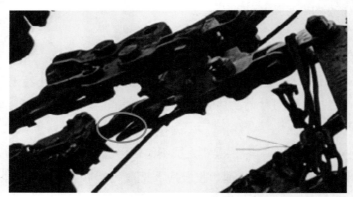

图5-133

A. 高空工具随意摆放

B. 未使用二次保护绳

C. 使用挂钩闭锁装置已损坏的链条葫芦

D. 高空抛物

2. 龙门架安装完毕后，经（　　　）检验检测合格。

A. 建设单位　　　　　B. 监理单位　　　　　C. 安监部门　　　　　D. 技术监督部门

3. 图5-134中存在哪种违章行为：（　　　）。

图 5-134

A. 高空作业失去保护　　　　　　　　B. 较大工器具未使用失手绳固定

C. 未佩戴安全帽　　　　　　　　　　D. 高空作业接打电话

4. 图 5-135 扩建变电站作业现场中存在哪种违章行为：（　　　）。

图 5-135

A. 未配备灭火器　　　　　　　　　　B. 围栏未设置警示牌

C. 扩建变电站违规使用钢卷尺　　　　D. 未戴安全帽

5. 图 5-136 中红线标示部分存在哪种违章行为：（　　　）。

图 5-136

A. 卸扣横向受力   B. 较大工器具未使用失手绳固定

C. 高空抛物   D. 吊勾未闭锁

6. 图 5-137 中存在哪种违章行为：（　　　）。

图 5-137

A. 机动绞磨拉尾绳人员数量少于 2 人

B. 锚桩未采取防雨水浸泡措施

C. 单人作业

D. 作业人员未戴安全帽

7. 图 5-138 中红线标示部分存在哪种违章行为：（　　　）。

图 5-138

A. 未使用安全带   B. 安全带低挂高用

C. 安全带高挂低用   D. 作人员未戴安全帽

8. 图 5-139 中红线标示部分存在哪种违章行为：（　　　）。

图 5-139

A. 跨越架毛竹开裂超一节　　　　　　　B. 跨越架毛竹大头搭小头

C. 跨越架横档间距超 1.5 m　　　　　　D. 跨越架横档间距不足 1.5 m

9. 图 5-140 中红线标示部分存在哪种违章行为：（　　　）。

图 5-140

A. 杆塔基础施工脚手架未验收

B. 振捣作业未戴绝缘手套

C. 杆塔基础施工脚手架立杆间距超 3 m

D. 杆塔基础施工脚手架立杆间距不足 3 m

10. 作业票在作业全过程留存现场，工作结束后及时交（　　　）存档。

A. 施工项目部　　　B. 监理项目部　　　C. 业主项目部　　　D. 建设管理单位

11. 三级风险作业应以（　　　）和数字标注。

A. 橙色　　　　　　B. 黄色　　　　　　C. 红色　　　　　　D. 绿色

12. 安全施工高处作业人员最大年龄不大于（　　　）周岁。

A.50　　　　　　　B.52　　　　　　　C.55　　　　　　　D.60

13. 起吊荷载不超过起重机械额定起重量的（　　　）倍。

A.0.8　　　　　　　B.0.85　　　　　　C.0.9　　　　　　　D.0.95

14. 直埋电缆敷设深度不应小于（　　　）。

A.0.6 m　　　　B.7 m　　　　C.8 m　　　　D.1 m

15. 风力超过（　　）级时，禁止砍剪高出或接近导线的树木。

A.3　　　　　　B.4　　　　　　C.5　　　　　　D.6

16. 低压架空线路不得采用裸线，导线截面积不得小于 16 mm²，架设高度不得低于 2.5 m；交通要道及车辆通行处，架设高度不得低于（　　　）。

A.2 m　　　　　B.3 m　　　　　C.4 m　　　　　D.5 m

17. 用电设备的电源引线长度不得大于（　　　），若长度大于时，应设移动开关箱。

A.3 m　　　　　B.5 m　　　　　C.10 m　　　　D.40 m

18. 高处作业的平台、走道、斜道等应装设不低于（　　　）高的护栏（0.5 ~ 0.6 m 处设腰杆），并设 180 mm 高的挡脚板。

A.0.5 m　　　　B.12 m　　　　C.2 m　　　　　D.3 m

19. 高处作业使用工具和材料，下列做法错误的是（　　　）。

A. 放在工具袋内　　　　　　　　B. 用绳索拴在牢固的构件上

C. 较大的工具系保险绳　　　　　D. 上下抛掷物件

20. 焊接或切割作业结束后，需要做好的必要措施不包括（　　　）。

A. 仔细检查作业场所周围及防护设施，确认无起火危险

B. 整理好器具

C. 打扫作业场所

D. 切断电源或气源

二、多选题（10 题，每题 2 分，共 20 分）

1. 图 5-141 中红线标示部分存在哪些违章行为：（　　　）。

图 5-141

A. 吊车悬吊高空作业平台作业　　　　B. 高空抛物

C. 吊车吊物上站人　　　　　　　　　D. 垂直交叉作业

2. 图 5-142 中存在哪些违章行为：（　　　）。

图 5-142

A. 跨越架未挂验收牌　　　　　　　B. 拉线地锚未采取防雨水浸泡措施

C. 拉线与地面角度大于 60°　　　　　D. 拉线钢丝绳夹数量不足

3. 图 5-143 中红线标示部分存在哪些违章行为：（　　　）。

图 5-143

A. 吊装作业完毕后未收起钢丝绳、起重大臂

B. 吊钩未固定

C. 操作员不在驾驶室

D. 无监护作业

4. 在特殊地形、极端恶劣气象环境件下重要输电线路宜采取差异化设计，适当

提高（　　）等设防水平。

 A. 抗冰   B. 抗洪   C. 抗风   D. 抗雷

5. 土石方施工采用挖掘机开挖时应遵守的规定有：（　　）。

 A. 应避让作业点周围的障碍物及架空线

 B. 禁止人员进入挖斗内，禁止在伸臂及挖斗下面通过或逗留

 C. 暂停作业时，应将挖掘机熄火

 D. 挖掘机作业时，在同一基坑内不应有人员同时作业

6. 灭火器必须予以报废的情形有：（　　）。

 A. 灭火器筒体已严重变形的

 B. 灭火器筒体严重生锈腐蚀的

 C. 灭火器的压力表指针指在绿色区域的

 D. 没有生产厂家名称的

7. 混凝土施工，拆模作业应按（　　）的原则逐一拆除。

 A. 后支先拆、先支后拆   B. 先支先拆、后支后拆

 C. 先拆侧模、后拆底模   D. 先拆非承重部分、后拆承重部分

8. 每日站班会及风险控制措施检查记录表中"检查内容"指的是（　　）。

 A. "三查"   B. 查作业必备条件

 C. 当日控制措施检查   D. 到岗到位检查

9. 混凝土施工，下列有关泵送混凝土描述正确的是（　　）。

 A. 支腿应支承在水平坚实的地面

 B. 泵启动时，人员禁止进入末端软管可能摇摆触及的危险区域

 C. 建筑物边缘作业时，操作人员应站在安全位置，使用辅助工具引导末端软管，禁止站在建筑物边缘手握末端软管作业

 D. 泵输送管线及臂架应与带电线路保持一定的安全距离

10. （　　）车厢内禁止载人。

 A. 货运汽车挂车 B. 起重车   C. 平板车   D. 自动倾卸车

三、判断题（对的打"√"，错的打"×"，20 题，每题 2 分，共 40 分）

1. 图 5-144 为塔材吊装作业现场，作业人员在受力钢丝绳周围、上下方、内角侧逗留或者通过是可以的。（　　）

图 5-144

2. 图 5-145 中放线作业中高处作业人员较大的工具（扳手）不拴安全绳符合规范。（　　　）

图 5-145

3. 图 5-146 塔材吊装过程中，钢丝绳可以与塔材直接接触，不用衬垫软物。（　　　）

图 5-146

4. 图 5-147 中放线作业过程中绞磨机操作人员短时离开是可以的。（　　　）

图 5-147

5. 图 5-148 作业现场中高处作业人员可以使用速差器传递材料。（　　　）

图 5-148

6. 图 5-149 中临时拉线金具组件不匹配。（　　　）

图 5-149

7. 图 5-150 中可以在此杆塔进行放线、紧线作业。（ ）

图 5-150

8. 图 5-151 中红线标示部分的作业区域工作负责人可以跨越受力钢丝绳。（ ）

图 5-151

9. 白天工作间断可直接恢复工作。（ ）

10. 电缆线路工井作业时，宜只打开一个井盖，以利于监护人进行监护。（ ）

11. 电缆敷设施工，电缆盘钢轴的强度和长度应与电缆盘重量和宽度相匹配，敷设电缆的机具应检查并调试正常。（ ）

12. 电缆敷设施工，电缆通过孔洞或楼板时，两侧应设监护人，入口处应采取措施防止电缆被卡，不得伸手，防止被带入孔中。（ ）

13. 内悬浮内拉线抱杆适用于场地狭窄、有条件设置内拉线的一般塔型的吊装，不适用于酒杯塔、猫头塔、紧凑型铁塔组立。（ ）

14. 任何单位和个人都应当支持、配合事故抢救，并提供一切便利条件。（ ）

15. 钢筋搬运、堆放应与电力设施保持安全距离，严防碰撞。（ ）

16. 作业人员不准在坑内休息。（ ）

17. 使用吊车立、撤杆时，吊重和吊车位置应选择适当，吊钩口应封好，并应有防止吊车下沉、倾斜的措施。起、落时应注意周围环境。（ ）

18. 特种作业人员、特种设备作业人员应按照国家有关规定，取得相应资格，并按期复审，定期体检。（   ）

19. 超过一定规模的危险性较大的分部分项工程，编制的专项安全施工方案应经专家论证、审查。（   ）

20. 当作业风险因素发生变化时，应重新进行风险动态评估。（   ）

【参考答案】

一、单选题

1.C   2.D   3.A   4.C   5.A   6.B   7.B   8.A   9.B   10.A   11.B   12.A   13.C
14.B   15.C   16.D   17.B   18.B   19.D   20.C

二、多选题

1.ACD   2.AB   3.ABC   4.ABCD   5.ABD   6.ABD   7.ACD   8.ABC
9.ABCD   10.ABCD

三、判断题

1.×   2.×   3.×   4.×   5.×   6.×   7.√   8.×   9.×   10.×   11.√   12.√
13.√   14.√   15.√   16.√   17.√   18.√   19.√   20.√

五、线路组塔作业

线路组塔专业模拟题
（50题，单选20题，多选10题，判断20题）

一、单选题（20题，每题2分，共40分）

1. 图5-152中存在哪种违章行为：（   ）。

图5-152

A. 挂钩脱钩　　　　B. 挂钩未加固　　　　C. 挂钩未闭锁　　　　D. 挂钩掉落

2. 图 5-153 中存在哪种违章行为：（　　　）。

图 5-153

A. 临时拉线卡扣方向不正确　　　　　　B. 临时拉线位置不正确

C. 临时拉线力度不正确　　　　　　　　D. 临时拉线角度不正确

3. 图 5-154 中红线标示部分存在哪种违章行为：（　　　）。

图 5-154

A. 绝缘板缺失　　　　　　　　　　　　B. 接地线绝缘护套缺失

C. 双钩闭锁装置损坏　　　　　　　　　D. 法兰杆螺母缺少

4. 图 5-155 中红线标示部分存在哪种违章行为：（　　　）

图 5-155

A. 法兰杆螺母缺少   B. 接地线绝缘护套缺失

C. 双钩闭锁装置损坏   D. 绝缘板缺失

5. 图 5-156 中红线标示部分存在哪种违章行为：（　　　　）。

图 5-156

A. 接地线绝缘护套缺失   B. 接地线接地桩连接线处弹簧套破损

C. 双钩闭锁装置损坏   D. 通风管脱落

6. 图 5-157 中红线标示部分存在哪种违章行为：（　　　　）。

图 5-157

A. 自制紧线装置

B. 杆塔上有人工作时调整拉线

C. 端杆未打反向拉线，即进行放线作业

D. 攀登破损严重的电杆

7. 线路位置称号指上线、中线或下线和（　　）的左线或右线。

　　A. 面向送电侧　　　　　　　　　　　　B. 面向受电侧

　　C. 面向线路杆塔号增加方向　　　　　　D. 面向线路杆塔号减小方向

8.《国家电网公司关于印发"深化基建队伍改革、强化施工安全管理"有关配套政策的通知》规定，将现场三个项目部经理、（　　）、质量专责及施工作业层班组骨干作为项目管理关键人员。

　　A. 技术专责　　　　　B. 安全专责　　　　C. 属地协调专责　　　D. 物资专责

9. 不停电跨越电力线电压等级为 330kV 时，跨越架架面（含拉线）与导线的水平距离最小为（　　）。

　　A.1.5 m　　　　　　B.2.5 m　　　　　　C.3 m　　　　　　D.5 m

10. 停电、不停电作业，工作票负责人和工作票签发人资格应经培训合格，并经线路（　　）审核备案。

　　A. 业主单位　　　　　B. 施工单位　　　　C. 监理单位　　　　D. 运维单位

11. 倒落式人字抱杆整体组立杆塔，起立抱杆用的制动绳锚在杆塔身上时，应在杆塔（　　）及时拆除。

　　A. 起立前　　　　　　B. 起立至30°时　　C. 刚离地面后　　　D. 正直后

12. 内悬浮外拉线抱杆分解组塔，承托绳应绑扎在（　　）。

　　A. 主材节点下方　　　B. 主材节点上方　　C. 水平材上　　　　D. 斜材上

13. 内悬浮外（内）拉线抱杆分解组塔，构件起吊过程中，下控制绳应随吊件的上升随之松出，保持吊件与塔架间距不小于（　　）。

　　A.100 mm　　　　　　B.80 mm　　　　　　C.60 mm　　　　　　D.50 mm

14. 座地摇臂抱杆分解组塔，吊装构件前，抱杆顶部应向（　　）适度预倾斜。

　　A. 受力侧　　　　　　B. 受力反侧　　　　C. 吊件侧　　　　　D. 拉线侧

15. 平臂抱杆组塔，抱杆应有良好的接地装置，接地电阻不得大于（　　）。

　　A.4Ω　　　　　　　　B.8Ω　　　　　　　C.10Ω　　　　　　D.20Ω

16. 平臂抱杆组塔，起重小车行走到起重臂顶端，终止点距顶端应大于（　　）。

　　A.0.5 m　　　　　　B.1 m　　　　　　　C.0.7 m　　　　　　D.0.9 m

17. 流动式起重机组塔，起重机及吊件、牵引绳索和拉绳与 220kV 带电体的垂直方向最小安全距离为（　　）。

　　A.4 m　　　　　　　B.5 m　　　　　　　C.6 m　　　　　　D.3.5 m

18. 杆塔拆除，整体倒塔时应有专人指挥，设立（　　）倍倒杆距离警戒区，由专人巡查监护，明确倒杆方向。

A.0.8 　　　　　 B.1 　　　　　 C.1.2 　　　　　 D.1.1

19.《国家电网公司关于印发"深化基建队伍改革、强化施工安全管理"有关配套政策的通知》规定，组塔、架线作业层班组的骨干人员必须满足最低配置标准，组塔作业层骨干包括班长兼指挥、（　　　）和技术兼质检员。

A. 技术员 　　　　 B. 资料员 　　　　 C. 质检员 　　　　 D. 安全员

20. 关于输电线路施工区域布置，下列说法不正确的是（　　　）。

A. 纵向水平杆设置在立杆内侧，其长度不得小于 2 跨

B. 第一步步距不得大于 2 m，第二步起每步步距应为 18 m

C. 水平面内外侧两根纵向水平杆之间等间距加设两根钢管填芯，间距不宜大于 350 mm

D. 当内侧纵向水平杆离墙壁大于 350 mm 时，必须加纵向水平防护杆或加设木脚手板防护

二、多选题（10 题，每题 2 分，共 20 分）

1. 流动式起重机分解组塔施工应进行施工计算，主要施工计算应包括（　　　）。

A. 施工过程中吊件的强度验算

B. 主要起吊工器具的受力验算

C. 流动式起重机作业工况的选择计算

D. 流动式起重机的通过性验算及行走、转弯和吊装等各种工况下的场地地耐力计算

2. 山地铁塔地面组装时应遵守（　　　）规定。

A. 塔材顺斜坡堆放

B. 选料应由下往上搬运，不得强行拽拉

C. 山坡上的塔片垫物应稳固，且应有防止构件滑动的措施

D. 组装管形构件时，构件间未连接前应采取防止滚动的措施

3. 图 5-158 中存在（　　　）违章行为，属于（　　　）。

A. 杆塔上有人工作时调整拉线

B. 旧导线拆除作业，未设置反向临时拉线

C. Ⅰ类严重违章

D. Ⅱ类严重违章

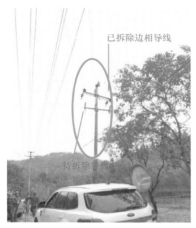

图 5-158

4. 图 5-159 中红线标示部分存在哪些违章行为：（　　　）。

图 5-159

A. 用绝缘导线代替临时拉线 　　　　　　B. 将绝缘导线锚固在树木上

C. 杆根基础不牢固 　　　　　　　　　　D. 临时拉线金具组件不匹配

5. 防火墙大面积（超长、超高）钢模板站内运输，下列说法正确的是（　　　）。

A. 防火墙大面积自制钢模板由预制和处置场地运输至防火墙模板架设作业现场过程中，宜使用吊车进行装卸

B. 装卸过程中作业人员不得在吊件和吊车臂活动范围内的下方停留和通过

C. 钢模板装车后应采取固定措施，以防运输过程中的晃动和倾斜，并保持大面积钢模板水平、稳定放置，严禁人货混装

D. 搬运过程中，应采取牢固的措施封车，车的行驶速度应小于 15km/h

6. 高处焊接作业时应（　　　）。

A. 必须设安全监护人

B. 焊接接地施工下方不得有易燃易爆物品，焊渣要及时清理干净，以防引起火灾

C. 高处焊接作业时应采取措施防止安全绳（带）损坏。临边作业、悬空作业应有可靠的安全防护设施。上下交叉作业和通道上作业时，应采取安全隔离措施

D. 焊枪点火时，按照先开乙炔阀、后开氧气阀的顺序操作，喷嘴不得对人

E. 熄火时按相反的顺序操作；产生回火或鸣爆时，应迅速先关闭乙炔阀，继而再关闭氧气阀

7. 关于阀厅通风系统安装，下列叙述正确的是（　　　）。

A. 高处作业人员应正确佩戴安全带，穿防滑鞋，高空操作人员使用的工具及安装用的零部件应放在随身佩带的工具袋内，严禁抛掷

B. 起重机械应取得安全准用证并在有效期内，起重工器具应经过安全检验合格后方可使用

C. 起重工作区域内应设警戒线，无关人员不得停留或通过

D. 安装风管时，应注意周围有无障碍物，并注意不得碰撞钢屋架；风管未经稳固，严禁脱钩

8. 内外环基坑土方开挖深度超过 5m（含 5m）的深基坑挖土或未超过 5m，但地质条件与周边环境复杂，下列叙述不正确的是（　　　）。

A. 严格按批准的施工方案执行

B. 挖土区域设警戒线，各种机械、车辆严禁在开挖的基础边缘 2m 内行驶、停放

C. 在软土区域内开挖深基槽时，邻近四周不得有振动作业

D. 一般土质条件下弃土堆底至基坑顶边距离不小于 1m，弃土堆高不大于 15m，垂直坑壁边坡条件下弃土堆底至基坑顶边距离不小于 3m

9. 电缆敷设应（　　　）。

A. 设专人统一指挥，指挥人员指挥信号应明确、传达到位

B. 敷设人员必须统一口令，用力均匀协调

C. 拖拽人员应精力集中，要注意脚下的设备基础、电缆支架、土堆等，避免绊倒摔伤

D. 抬电缆行走时要注意脚下，放电缆时要协调一致同时下放，避免扭腰砸脚和磕坏电缆外绝缘

10. 关于脚手架构件检查，下列叙述正确的是（　　　）。

A. 钢管应采用 40 mm、厚 35 mm 的 Q235-A 级钢，应有产品质量合格证、钢管材质检验报告

B. 钢管表面平直光滑，无裂纹、分层、压划痕和硬弯，端面平整，做防锈处理

C. 使用旧钢管必须满足锈蚀深度 ≤ 05 mm，每根钢管最大质量不应大于 25kg

D. 脚手架扣件均采用锻造构件，扣件夹紧时开口最小距离小于 5 mm

三、判断题（对的打"√"，错的打"×"，20 题，每题 2 分，共 40 分）

1. 图 5-160 中存在滑轮未闭锁的违章行为。（　　　）

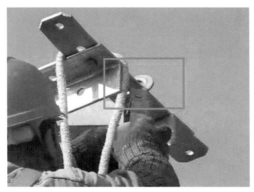

图 5-160

2. 图 5-161 中起吊吊钩符合规范。（　　　）

图 5-161

3. 使用同一张作业票依次在不同作业地点转移作业时，应重新识别评估风险，完善安全措施，重新交底。（　　　）

4. 拆除杆上导线前，应先检查杆顶，做好防止倒杆措施，在挖坑前应先绑好拉绳。（　　　）

5. 图 5-162 中起吊变压器的方式符合规范。（　　　）

图 5-162

6. 图 5-163 中人员在此电杆上进行作业并无安全风险。（　　　）

图 5-163

7. 图 5-164 中杆根未完全夯实。（　　　）

图 5-164

8. 分解组立钢筋混凝土电杆，抱杆的临时拉线设置不得妨碍电杆及横担的吊装。（　　　）

9. 整体组立杆塔，抱杆脱帽时，杆塔应及时带上反向临时拉线，并应随电杆起立适度收紧。（　　　）

10. 人工展放电缆、穿孔或穿导管时，作业人员手握电缆的位置应与孔口保持适当距离。（　　　）

11. 制作环氧树脂电缆头和调配环氧树脂作业过程中，应采取有效的防毒和防火措施。（　　　）

12. 工井内进行电缆中间接头安装时，应将压力容器放置在工井内，禁止摆放在井口位置。（　　　）

13. 电缆试验时，被试电缆两端及试验操作应设专人监护，并保持通信畅通。（　　　）

14. 分解组立钢筋混凝土电杆时，电杆的临时拉线数量：单杆不得少于 3 根，双杆不得少于 4 根。（　　　）

15. 对电缆故障进行声测定点时，用手触摸电缆外皮或冒烟小洞，要注意防止触电危险。（　　　）

16. 同杆（塔）架设多回线路中的部分停电线路上的工作，应填用电力线路第二种工作票。（　　　）

17. 采用索道运输时，小车与跑绳的固定采用单螺栓，紧固到位即可。（　　　）

18. 采用直升机组塔时，实施作业前应明确分工，确定挂钩、脱钩等作业人员，确保参与作业人员清楚作业流程。（　　　）

19. 行车前，驾驶员应对车辆的转向、制动、照明装置等进行检查。（　　　）

20. 土石方作业区域设置彩条旗、安全标志牌，并设专人监护。（　　　）

【参考答案】

一、单选题

1.C　2.A　3.B　4.C　5.B　6.C　7.C　8.B　9.D　10.D　11.C　12.A　13.A　14.B　15.A　16.B　17.C　18.C　19.D　20.B

二、多选题

1.ABCD　2.CD　3.BC　4.AB　5.ABC　6.ABCDE　7.ABCD　8.BD　9.ABCD　10.BCD

三、判断题

1. √　2. ×　3. √　4. ×　5. √　6. ×　7. √　8. √　9. ×　10. √　11. √　12. ×
13. √　14. ×　15. ×　16. ×　17. ×　18. √　19. √　20. ×

六、线路架线作业

线路架线作业专业模拟题
（50题，单选20题，多选10题，判断20题）

一、单选题（20题，每题2分，共40分）

1. 网套夹持导线、地线的长度不得少于导线、地线直径的（　　　）倍。

A.10　　　　　　　B.20　　　　　　　C.30　　　　　　　D.25

2. 卡线器试验应（　　　）试验一次，以1.25倍容许工作荷重进行10 min静力试验。

A. 每半年　　　　　B. 每年　　　　　C. 每月　　　　　D. 每季度

3. 张力放线导线的尾线或牵引绳的尾绳在线盘或绳盘上的盘绕圈数均不得少于（　　　）圈。

A.3　　　　　　　　B.4　　　　　　　C.5　　　　　　　D.6

4. 图5-165中红线标示部分存在哪种违章行为：（　　　）。

图5-165

A. 导线未完全卡入接地线线夹内　　　B. 接地装置不符合要求

C. 断线钳浮搁在杆梢上　　　　　　　D. 作业人员未戴安全帽

5. 图5-166中存在哪种违章行为：（　　　）。

图 5-166

A. 割断的电缆未绑牢　　　　　　　　B. 断线钳浮搁在杆梢上

C. 拆除旧导时带张力断线　　　　　　D. 导线未完全卡入接地线线夹内

6. 图 5-167 中红线标示部分存在哪种违章行为:(　　　)。

图 5-167

A. 地基不稳固　　　　　　　　　　　B. 附近的障碍物清除

C. 未放置枕木　　　　　　　　　　　D. 吊钩未闭锁

7. 图 5-168 中红线标示部分存在哪种违章行为:(　　　)。

图 5-168

A. 放线未使用滑轮 B. 导线与牵引绳连接不牢固

C. 放线轴与导线伸展方向不平行 D. 高处作业无后备绳

8. 图 5-169 中红线标示部分存在哪种违章行为:( )。

图 5-169

A. 验电时没系保护绳 B. 验电时后备保护绳系在横担上

C. 验电时后未使用相应工具 D. 作业人员未戴安全帽

9. 图 5-170 中红线标示部分存在哪种违章行为:( )。

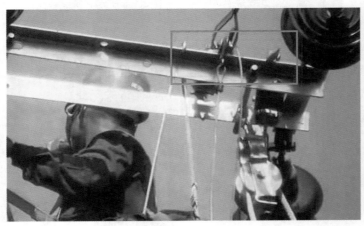

图 5-170

A. 紧线器卡在横担上未闭锁 B. 未使用紧线器

C. 未使用绝缘手套 D. 作业人员未戴安全帽

10. 图 5-171 中作业现场使用的绳卡压板应在钢丝绳( )的一边。

图 5-171

A. 主要借力   B. 次要受力   C. 主要受力   D. 次要借力

11. 电缆穿入带电的盘柜前，电缆（　　　）端头应做绝缘包扎处理。

A. 末端   B. 端头   C. 中间   D. 表面

12. 下列关于安全文明施工费计列与提取说法错误的是（　　　）。

A. 设计单位应充分考虑特殊施工安全生产措施费用，满足安全文明施工标准化管理工作所需支出

B. 项目法人单位（建设管理单位）在招标、合同签订时，应依据相关规定单独计列安全文明施工费，纳入竞争报价

C. 建设管理、监理等其他单位和部门不得采取收取、代管等形式对工程项目安全文明施工费进行集中管理和使用

D. 建设管理单位在拨付工程进度款的同时，应按照工程现场投入计划和实际情况，单独拨付安全文明施工费；工程建设初期，可适当超前支付先期布置所需安全文明施工费

13. 下列关于安全文明施工设施管理说法错误的是（　　　）。

A. 输电线路工程安全文明施工设施按照施工准备、基础施工、杆塔组立、放紧线四个阶段开展标准化配置工作

B. 工程项目配置的安全文明施工设施必须符合国家、行业、公司标准规范和制度规定的使用年限和条件，应经过性能检查、试验，不合格设施不得用于工程现场

C. 监理项目部结合现场实际需要，对进场设施进行现场审核，签署审核意见，由项目专业监理工程师签字确认，对"关键项"不符合要求的，不得批准施工

D. 施工作业班组在填写施工作业票时，将安全文明设施是否配置到位作为作业必备条件

14. 在高压出线处验收时，要严格落实防静电措施，作业人员穿（　　）作业。

A. 绝缘鞋　　　　　B. 屏蔽服　　　　　C. 绝缘手套　　　　　D. 安全帽

15. 专项施工方案由（　　）编制，施工项目部审核，并报监理、业主审批。

A. 民爆公司　　　　B. 总包单位　　　　C. 分包单位　　　　D. 设计单位

16. 下列关于紧线、挂线说法正确的是（　　）。

A. 挂线时，过牵引量严格执行设计要求，停止牵引前作业人员可从安全位置到挂线点操作

B. 在完成地面临锚后可不用在操作塔设置过轮临锚

C. 导线地面临锚和过轮临锚的设置应相互独立

D. 设置过轮临锚时，锚线卡线器安装位置距放线滑车中心不小于 2 ~ 5 m

17. 依据《国家电网有限公司输变电工程施工分包安全管理办法》要求，施工承包商对分包工程的施工质量负（　　）。

A. 附加责任　　　　B. 连带责任　　　　C. 总责　　　　　D. 次要责任

18. 架空输电线路接地装置不应出现外露或腐蚀严重，被腐蚀后其导体截面不应低于原值的（　　）。

A.0.7　　　　　　B.0.75　　　　　　C.0.8　　　　　　D.0.85

19. 人力放线领线人应由技工担任，并随时注意（　　）信号。

A. 前后　　　　　　B. 前方　　　　　　C. 后方　　　　　　D. 上下

20. 建设管理单位掌握建设管理的（　　）级及以上作业风险。

A. 一　　　　　　B. 二　　　　　　C. 三　　　　　　D. 四

二、多选题（10 题，每题 2 分，共 20 分）

1. 紧线过程中监护人员行为应遵守（　　）规定。

A. 在悬空导线、地线的垂直下方监护

B. 不得跨越将离地面的导线或地线

C. 监视行人不得靠近牵引中的导线或地线

D. 传递信号应及时、清晰，不得擅自离岗

2. 导引绳、牵引绳或导线临锚时，下列做法正确的是（　　）。

A. 其临锚张力不得小于对地距离为 3 m 时的张力

B. 其临锚张力不得小于对地距离为 5 m 时的张力

C. 应满足对被跨越物距离的要求

D. 应在松张力后进行临锚

3. 图 5-172 中红线标示部分存在哪些违章行为：（　　）。

图 5-172

A. 登高作业未使用主保险带

B. 二次保护绳存在低挂高用现象

C. 工作班成员在高处作业过程中接打电话

D. 未佩戴安全帽

4. 关于环境保护说法，下列正确的是（　　）。

A. 施工后尽可能恢复植被　　　　　　B. 尽可能少占耕地

C. 导引线展放作业尽可能采用人工放线　D. 严格控制基面开挖

5. 关于作业行为，下列说法正确的是（　　）。

A. 施工人员进入施工现场应佩戴胸卡

B. 特殊工种应经培训合格，持证上岗

C. 施工作业前应检查施工方案中的安全措施落实情况

D. 作业人员可根据作业方便的原则移动安全文明施工设施

6. 关于安全设施管理，下列说法正确的是（　　）。

A. 施工项目部将安全设施计划报监理项目部审核，业主项目部批准

B. 安全设施由建设管理单位统一配送

C. 安全文明施工标准化设施进场前，应经过性能检查、试验

D. 施工项目部应建立安全文明施工标准化设施领用发放台账

7. 关于钢管扣件组装式安全围栏，下列说法正确的是（　　）。

A. 采用钢管及扣件组装，应由上下两道横杆及立杆组成，其中立杆间距为 2.0 ～ 2.5 m，立杆打入地面 50 ～ 70 cm 深，离边口的距离不应小于 50 cm

B. 上横杆离地高度为 1.0 ~ 1.2 m，下横杆离地高度为 50 ~ 60 cm，杆件强度应满足安全要求，在上横杆任何处能经受任何方向的 1000N 外力

C. 临空作业面应设置高 150 mm 的挡脚板或安全立网

D. 杆件用红白油漆涂刷、间隔均匀、尺寸规范

8. 安全文明施工费的使用范围包括（　　）。

A. 购置工作接地线和保安接地线　　　　B. 有害气体监测装置维护保养

C. 开展重大危险源和事故隐患评估　　　D. 安全生产教育、培训支出

E. 特种设备检测检验

9. 关于孔洞盖板及沟道盖板，下列说法正确的是（　　）。

A. 孔洞及沟道临时盖板使用 4 ~ 5 mm 厚花纹钢板制作，并涂以黑黄相间的警告标志和禁止挪用标识

B. 盖板下方适当位置（不少于 4 处）设置限位块，以防止盖板移动

C. 孔洞及沟道临时盖板边缘应大于孔洞（沟道）边缘 100 mm，并紧贴地面

D. 孔洞及沟道临时盖板因工作需要揭开时，孔洞（沟道）四周应设置安全围栏和警告牌，根据需要增设夜间警告灯，工作结束应立即恢复

10. "检查考核"须明确各层级的考核原则，即对输变电工程施工（　　）进行考核。

A. 安全风险识别　　　　　　　　　　B. 监控

C. 评估　　　　　　　　　　　　　　D. 控制管理执行情况

三、判断题（对的打"√"，错的打"×"，20 题，每题 2 分，共 40 分）

1. 图 5-173 中扳手放置位置符合规范。（　　）

图 5-173

2. 图 5-174 中永久拉线马蹄卡数量符合要求。(　　　)

图 5-174

3. 图 5-175 中应该紧固地脚螺栓后，再进行登杆作业。(　　　)

图 5-175

4. 图 5-176 中的紧线器卡在横担上未闭锁。(　　　)

图 5-176

5. 图 5-177 中吊钩装置不符合规范。（　　　）

图 5-177

6. 图 5-178 中人员作业符合规范。（　　　）

图 5-178

7. 牵引时接到任何岗位的停车信号均应立即停止牵引，停止牵引时应先停张力机，再停牵引机。（　　　）

8. 线路紧挂线时，当连接金具接近挂线点时应减慢牵引速度，便于作业人员在挂线点操作。（　　　）

9. 相邻杆塔同时在同相（极）位安装附件时，应制定防干扰措施并密切配合。（　　　）

10. 杆塔分解组立时，主材和侧面大斜材未全部连接牢固前，可以在吊件上作业。（　　　）

11. 平衡挂线中，待割的导线应在断线点两端事先用绳索绑牢，割断后的导线抛掷时下方不得有人。（　　　）

12. 个人保安线装设时，应先接导线端，后接接地端，且接触良好，连接可靠。拆个人保安线的顺序与此相反。（　　　）

13. 导、地线换线施工前，应将导、地线充分放电后方可作业。（　　　）

14. 电力线路第二种工作票，对同一电压等级、同类型工作，可在数条线路上共用一张工作票。（　　　）

15. 不停电施工时，起重工具和临时地锚应根据其重要程度将安全系数提高15%。（　　　）

16. 不停电跨越架线前对导引绳、牵引绳及承力工器具应进行逐盘（件）检查，不合格的工器具禁止使用。（　　　）

17. 跨越不停电线路时，作业人员应在跨越架内侧攀登，通过封顶架时应保证与带电体的安全距离。（　　　）

18. 一个作业负责人同一时间最多可以使用两张作业票。（　　　）

19. 张力放线，放线滑车允许荷载应满足放线的强度要求，安全系数不得小于2。（　　　）

20. 跨越架应经验收合格，每次使用前检查合格后方可使用。（　　　）

【参考答案】

一、单选题

1.C　2.B　3.D　4.A　5.B　6.C　7.A　8.B　9.A　10.C　11.B　12.B　13.C　14.B　15.A　16.C　17.C　18.C　19.A　20.C

二、多选题

1.BCD　2.BC　3.ABC　4.ABD　5.ABC　6.ACD　7.ABD　8.ABCDE　9.ABCD　10.ACD

三、判断题

1.×　2.×　3.√　4.√　5.√　6.×　7.×　8.×　9.×　10.×　11.×　12.×　13.√　14.√　15.×　16.√　17.×　18.×　19.√　20.√

七、变电土建作业

变电土建作业专业模拟题
（50题，单选20题，多选10题，判断20题）

一、单选题（20题，每题2分，共40分）

1. 人工挖孔基础开挖时，提土装置应安全稳定、牢固可靠，吊运土（　　），防提升掉落伤人。

　A. 不得满装　　　　B. 必须装满　　　　C. 只允许装1/2　　D. 只允许装1/3

2. 图5-179中红线标示部分存在哪种违章行为：（　　）。

图5-179

　A. 向边坡推土时，铲刀超出边坡　　　　B. 开挖边坡值不满足设计要求

　C. 边坡作业未采用防护措施　　　　　　D. 作业人员未戴安全帽

3. 清理搅拌斗下的砂石，（　　）并固定稳妥后方可进行。清扫闸门及搅拌器应在切断电源后进行。

　A. 必须待送料斗提升至1.2 m处　　　B. 必须待送料斗提升

　C. 必须待送料斗放下　　　　　　　　D. 必须待送料斗提升至1/2处

4. 不得将铲斗（　　）运输物料。

　A. 提升到最高位置　B. 提升到中间位置　C. 放下　　　　　D. 上升时

5. 图5-180中红线标示部分存在哪种违章行为：（　　）。

322

图 5-180

A. 吊车腿支在沟道上　　　　　　　　B. 吊车支腿未放置平稳

C. 未使用枕木　　　　　　　　　　　D. 吊车作业下方有人员通过

6. 水池及盐池施工时，挖土区域设警戒线，基槽两边顶部 2 m 范围内不得临时增加荷载。各种机械、车辆严禁在开挖的基础边缘（　　　）内行驶、停放。

A.2 m　　　　　　B.3 m　　　　　　C.4 m　　　　　　D.5 m

7. 深度超过 5 m（含 5 m）的深基坑挖土或未超过 5 m，但地质条件与周边环境复杂时施工，下列叙述正确的是（　　　）。

A. 挖土区域设警戒线，基槽两边顶部 3 m 范围内不得临时增加荷载

B. 一般土质条件下弃土堆底至基坑顶边距离不小于 1 m，弃土堆高不大于 1.5 m

C. 垂直坑壁边坡条件下弃土堆底至基坑顶边距离不小于 2 m

D. 挖掘土石方自上而下进行，可以使用挖空底脚的方法，挖掘前必须将坡上的浮石清理干净

8. 起重机吊臂的最大仰角不得超过制造厂铭牌规定。起吊钢柱时，应在钢柱上拴以牢固的（　　　）控制绳。吊起的重物不得在空中长时间停留。

A. 安全绳　　　　B. 牵引绳　　　　C. 控制绳　　　　D. 揽风绳

9. 土质不符合要求，（　　　），须立即向项目部汇报处理。

A. 根据具体情况开挖　　　　　　　　B. 可以掏挖施工

C. 不许掏挖施工　　　　　　　　　　D. 按方案要求开挖

10. 纵向扫地杆采用直角扣件固定在距离基础上表面小于等于（　　　）处的立杆内侧。横向扫地杆采用直角扣件固定在紧靠纵向扫地杆下方的立杆上。

A.150 mm　　　　B.200 mm　　　　C.250 mm　　　　D.300 mm

11. 油漆使用后应及时封存，废料应及时清理，（　　　）。

A. 不得在室外用有机溶剂清洗工器具

B. 不得在室内用有机溶剂清洗工器具

C. 必须在室内用有机溶剂清洗工器具

D. 尽量在室内用有机溶剂清洗工器具

12. 脚手架竖立杆搭设时，立杆底端必须设有垫板，底层步距不得大于（　　　）。

A.2 m　　　　　　B.2.5 m　　　　　　C.3 m　　　　　　D.3.5 m

13. 立杆接长时，顶层顶步可采用搭接，搭接长度不应小于（　　　），应采用不小于两个旋转扣件固定，端部扣件盖板的边缘至杆端距离不应小于 100 mm；其余各层必须采用对接扣件连接。

A.0.5 m　　　　　　B.0.6 m　　　　　　C.0.8 m　　　　　　D.1 m

14. 脚手架连墙件搭设时，架体高度大于（　　　）时，应用刚性连墙件与建筑物可靠连接，也可采用拉筋和顶撑配合使用的附墙连接方式。

A.1 m　　　　　　B.2 m　　　　　　C.3 m　　　　　　D.4 m

15. 连墙件在建筑物侧一般设置在梁柱或楼板等具有较好抗拉水平力作用的结构部位；在脚手架侧应靠近主节点设置，偏离主节点的距离不应大于（　　　）。

A.300 mm　　　　　　B.400 mm　　　　　　C.500 mm　　　　　　D.600 mm

16. 必须在脚手架外侧立面纵向的两端各设置一道由底至顶连续的剪刀撑；两剪刀撑内边之间距离应小于等于（　　　）。

A.15 m　　　　　　B.16 m　　　　　　C.18 m　　　　　　D.20 m

17. 每道剪刀撑宽度不小于 4 跨，且不应小于 6 m，斜杆与地面的倾角宜为（　　　）。

A.35°～55°　　　B.45°～60°　　　C.55°～75°　　　D.75°～105°

18. 关于脚手板搭设，下列叙述不正确的是（　　　）。

A. 第一层、顶层、作业层脚手板必须铺满、铺稳

B. 冲压钢脚手板、木脚手板、竹串片脚手板等，应设置在三根横向水平杆上

C. 当脚手板长度小于 2 m 时，可采用一根横向水平杆支承，但应将脚手板两端与其可靠固定，防止倾翻

D. 脚手板搭接铺设时，接头必须支在横向水平杆上，搭接长度应大于 200 mm

19. 安全通道宽度宜为（　　　），进深长度宜为（　　　）（小型建筑物可适当简化）。（　　　）

A.2 m；3 m　　　B.3 m；4 m　　　C.4 m；5 m　　　D.4 m；6 m

20. 安全通道顶棚平面的钢管做到设置两层（十字布设）、间距（　　　），钢管上竹笆或木工板铺设，上层四周应设置 900 mm 高围栏、竹笆或木工板围挡；设有针对性的安全标志牌等。

A.400 mm　　　　B.600 mm　　　　C.800 mm　　　　D.100 mm

二、多选题（10 题，每题 2 分，共 20 分）

1. 图 5-181 中红线标示部分存在哪些违章行为：（　　　）。

图 5-181

A. 基坑周围未设置围栏　　　　　　　　B. 基坑围栏缺少安全标志

C. 弃土堆放过高　　　　　　　　　　　D. 基坑土质松软，未做临边防护

2. 图 5-182 中汽车式起重机作业前应支好全部（　　　），支腿应加（　　　）。

图 5-182

A. 支撑腿　　　　　B. 支撑板　　　　　C. 枕木　　　　　D. 滑木

3. 无盖板及盖板临时揭开的孔洞，应设置（　　　）。

A. 安全围栏　　　　B. 安全警示标志牌　C. 专人监护　　　　D. 安全提示遮栏

4. 关于施工用电设施，下列说法正确的是（　　　）。

A. 施工用电设备在 5 台以上应编制安全用电专项施工组织设计

B. 直埋电缆埋设深度应满足安全要求

C. 总配电箱和开关箱附近配备消防器材

D. 直埋电缆路径应设置方位标志

5. 关于高处作业防护设施，下列说法正确的是（　　　）。

A. 铁塔组立时应设置临时攀登用保护绳索

B. 变电工程高处作业推荐使用高空作业车

C. 高处作业区附近有带电体时，应使用钢制梯

D. 导地线不能落地压接时，应使用高处作业平台

6. 关于消防设施，下列说法正确的是（　　　）。

A. 灭火器、砂箱等消防器材放在明显、易取处

B. 氧气瓶放在施工作业区易取处

C. 乙炔瓶放在专用仓库

D. 消防器材应使用标准的架、箱

7. 关于架线跨越作业防护设施，下列说法正确的是（　　　）。

A. 架线跨越作业应搭设跨越架或承力索

B. 搭设强度应能承受发生断线或跑线时的冲击载荷

C. 跨越架搭设应由班组长带领劳务人员搭设，验收合格后使用

D. 跨越公路时应在跨越段前 200 m 处设置限高提示

8. 高处作业人员在高处进行水平移动时应使用（　　　）。

A. 速差自控器　　　　B. 二道防护绳　　　　C. 水平安全绳　　　　D. 攀登自锁器

9. 从事手持电动工具作业的施工人员应配备（　　　）。

A. 绝缘鞋　　　　B. 绝缘手套　　　　C. 防护眼镜　　　　D. 屏蔽服

10. 从事焊接作业的施工人员应配备（　　　）。

A. 焊工工作服　　　　　　　　　B. 专用焊工鞋和脚罩

C. 专用焊工手套　　　　　　　　D. 防护面罩

三、判断题（对的打"√"，错的打"×"，20 题，每题 2 分，共 40 分）

1. 施工现场若作业人员较多，可指定专责监护人，并单独进行安全交底。（　　）

2. 图 5-183 中转向滑车锚固定的位置符合规范。（　　）

图 5-183

3. 图 5-184 中的地锚埋设未设置防雨措施。（　　）

图 5-184

4. 模板拆除应在混凝土达到设计强度后方可进行。（　　）

5. 混凝土投料高度超过 2.5 m 时，应使用溜槽或串筒。（　　）

6. 人工挖孔桩的孔内照明应采用安全矿灯或 36V 以下带罩防水、防爆灯具且孔内电缆应有防磨损、防潮、防断等保护措施。（　　）

7. 墙身砌体高度超过地坪 1.5 m 以上时，应使用脚手架。（　　）

8. 在吊顶内作业时，应搭设步道，非上人吊顶不得上人。（　　）

9. 施工周期超过 15 天或一项施工作业工序已完成、重新开始同一类型其他地点的作业，应重新审查安全措施和交底。（　　）

10. 施工作业前，三级及以上风险的施工作业填写输变电工程安全施工作业票。（　　）

11. 塔吊、混凝土泵车、挖掘机等施工机械作业，应考虑施工机械回转半径对近电作业安全距离的影响。（　　　）

12. 作业票签发人或作业负责人在作业前应组织开展作业风险动态评估，确定作业风险等级。（　　　）

13. 触电者神志不清，判断意识无，有心跳，但呼吸停止或极微弱时，应立即用仰头抬颏法，使气道开放，并进行口对口人工呼吸。（　　　）

14. 电源箱应装设在室内，箱内应装配有电源开关、剩余电流动作保护装置（漏电保护器）、熔断器，进房线孔应加防磨线措施。（　　　）

15. 竣工投运前的验收，在高压出线处验收时，要严格落实防静电措施，作业人员穿屏蔽服作业。（　　　）

16. 建筑物模板安装时，禁止作业人员在高处独木或悬吊式模板上行走。支设梁模板时，不得站在柱模板上操作，并严禁在梁的底模板上行走。（　　　）

17. 建筑物拆除模板时，严格执行施工方案规定的顺序。高处作业人员脚穿防滑鞋，并选择稳固的立足点，必须系牢安全带。拆除的模板和支撑杆件可以集中堆放在脚手架或临时工作台上，随时落地清运。（　　　）

18. 起重作业在风速大于 12 m/s 和大雨、大雪、浓雾等恶劣天气时，可以进行塔吊安装、拆除和使用作业。（　　　）

19. 房内需动力电源的，动力电与照明电应分别装设熔断器和电源开关。（　　　）

20. 安全员在施工作业前，对全体作业人员进行安全交底及危险点告知，交待安全措施和技术措施，并确认签字。（　　　）

【参考答案】

一、单选题

1.A　2.C　3.B　4.A　5.B　6.A　7.B　8.C　9.C　10.B　11.B　12.A　13.D　14.D　15.A　16.A　17.B　18.C　19.B　20.B

二、多选题

1.BD　2.AC　3.AB　4.ABD　5.ABD　6.ACD　7.ABD　8.ABC　9.ABC　10.ABCD

三、判断题

1. √　2. ×　3. √　4. √　5. ×　6. ×　7. ×　8. √　9. ×　10. √　11. √　12. √　13. √　14. ×　15. √　16. √　17. ×　18. √　19. ×　20. ×

八、变电安装作业

变电安装作业专业模拟题

（50题，单选20题，多选10题，判断20题）

一、单选题（20题，每题2分，共40分）

1. 图5-185中红线标示部分存在哪种违章行为：（　　）。

图5-185

A. 未使用紧线器　　　　　　　　　B. 紧线器卡在横担上未闭锁

C. 吊钩无闭锁装置　　　　　　　　D. 未使用滑轮

2. 电缆安装在工井作业时，不得只打开（　　）只井盖（单眼井除外）。

A.1　　　　　　　B.2　　　　　　　C.3　　　　　　　D.4

3. 图5-186中存在哪种违章行为：（　　）。

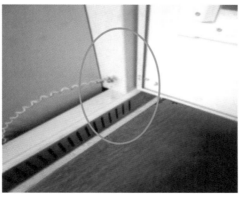

图5-186

A. 接地线导线端安装不牢固

B. 绝缘线路原有验电接地环脱落，未及时更换

C. 保护屏柜门外壳接地线连接处脱落

D. 待用间隔设备上无设备标志

4. 图 5-187 中红线标示部分存在哪种违章行为：（　　　）。

图 5-187

A. 现场人员随意穿越围栏　　　　　　B. 挖掘施工区域围栏离坑边小于 0.8 m

C. 拖拉机绞磨放置不平稳　　　　　　D. 作业人员未戴安全帽

5. 图 5-188 中红线标示部分存在哪种违章行为：（　　　）。

图 5-188

A. 警示牌不规范　　　　　　　　　　B. 接地线导线端安装不牢固

C. 保护屏柜门外壳接地线连接处脱落　　D. 待用间隔设备上无设备标志

6. 主变压器进场前，必须报送（　　　）及人员资质证书。

A. 专项施工方案　　B. 专项就位方案　　C. 特殊施工方案　　D. 一般施工方案

7. 需要变更作业成员时，应经（　　　）同意，在对新的作业人员进行安全交底并履行确认签字手续后，方可进行工作。

A. 作业票签发人　　　B. 作业负责人　　　C. 作业许可人　　　D. 专责监护人

8. 套管吊装时，为防止手拉葫芦断裂，在吊点两端加一根（　　　）作为保护。

A. 软吊带　　　　　B. 钢丝绳套　　　　C. 安全绳　　　　　D. 传递绳

9. 下列选项不符合作业监护规定的是（　　　）。

A. 作业负责人要及时纠正作业人员的不安全行为

B. 根据现场安全条件、施工范围和作业的需要，增设专责监护人，并明确其监护内容

C. 专责监护人不得兼做其他工作

D. 专责监护人需长时间离开作业现场时，可以指派专人代替

10. 根据现场安全条件、施工范围和作业需要，增设（　　　），并明确其监护内容。

A. 作业人员　　　　B. 作业负责人　　　C. 监理人员　　　D. 专责监护人

11. 作业票工作内容完成后，应清扫整理作业现场，作业负责人应检查作业地点状况，落实现场安全防护措施，并向（　　　）汇报。

A. 安全监护人　　　B. 监理工程师　　　C. 作业票签发人　　D. 作业许可人

12. 道路施工现场的机动车辆应限速行驶，行驶速度一般不得超过（　　　）；并应在显著位置设置限速标志。

A.15 k m/h　　　　B.25 k m/h　　　　C.20 k m/h　　　　D.30 k m/h

13. 软母线紧线应缓慢，避免导线出现挂阻情况，防止导线受力后突然弹起，人员（　　　）跨越正在收紧的导线。

A. 快速　　　　　　B. 小心　　　　　　C. 不得　　　　　　D. 缓慢

14. 器材应按规定堆放，绝缘子应包装完好，堆放高度不宜超过（　　　）。

A.3.5 m　　　　　B.2 m　　　　　　　C.2.5 m　　　　　　D.3 m

15.10kV/400kVA 及以下的变压器宜采用支柱上安装，支柱上变压器的底部距地面的高度不得小于（　　　）。

A.1.5 m　　　　　B.2 m　　　　　　　C.2.5 m　　　　　　D.1 m

16. 变压器中性点及外壳接地应接触良好，连接牢固可靠，工作接地电阻不得大于（　　　）。

A.4W　　　　　　B.5W　　　　　　　C.10W　　　　　　D.15W

17. 低压电力电缆中应包含全部工作芯线和用作工作零线、保护零线的芯线。其中（　　）色芯线用作工作零线（N线）。

A. 黄绿　　　　　　　B. 黄　　　　　　　C. 绿　　　　　　　D. 淡蓝

18. 移动开关箱至固定式配电箱之间的引线长度不得大于（　　），且只能用绝缘护套软电缆。

A.50 m　　　　　　　B.60 m　　　　　　　C.40 m　　　　　　　D.45 m

19. 施工用电电源采用中性点直接接地的专用变压器供电时，其低压配电系统的接地型式宜采用（　　）。

A.TN-C-S 接零保护系统　　　　　　B.TN-S 接零保护系统

C.TN 接零保护系统　　　　　　　　D.N- 接零保护系统

20. 接地装置人工接地体的顶面埋设深度不宜小于（　　）。

A.0.5 m　　　　　　　B.0.6 m　　　　　　　C.0.55 m　　　　　　　D.0.45 m

二、多选题（10 题，每题 2 分，共 20 分）

1. 六氟化硫气瓶的搬运和保管，应符合（　　）要求。

A. 六氟化硫气瓶的安全帽、防振圈应齐全，安全帽应拧紧

B. 搬运时应轻装轻卸，禁止抛掷、溜放

C. 六氟化硫气瓶保管时应平放

D. 六氟化硫气瓶不得与其他气瓶混放

2. 图 5-189 中的六氟化硫气瓶（　　）。

图 5-189

A. 未安装气表　　　　　　　　　　B. 未竖直放置

C. 未安装保护帽　　　　　　　　　D. 未配置灭火器箱

3. 下列情况属于禁止动火作业的是（　　　）。

A. 压力容器或管道未泄压前

B. 存放易燃易爆物品的容器未清洗干净前

C. 风力达三级的露天作业

D. 喷漆现场

4. 户外邻近带电作业时，在母线和横梁上作业或新增设母线与带电母线（　　　）时，母线应接地。

A. 靠近　　　　　B. 接触　　　　　C. 平行　　　　　D. 远离

5. 六氟化硫气瓶应存放在（　　　）的场所，不得靠近热源和油污的地方，水分和油污不应粘在阀门上。

A. 防晒　　　　　B. 防潮　　　　　C. 通风良好　　　　　D. 露天

6. 盘、柜安装，盘、柜内的各式熔断器，凡直立布置者应（　　　）。

A. 上口接电源　　　B. 下口接负荷　　　C. 上口接负荷　　　D. 下口接电源

7. 软母线安装，测量母线档距时应有安全措施，在带电体周围禁止使用（　　　）等进行测量作业，宜使用光学仪器进行测量。

A. 钢卷尺　　　　　　　　　　　　B. 夹有金属丝皮卷尺

C. 线尺　　　　　　　　　　　　　D. 绝缘尺

8. 在高处、临边敷设电缆时，应有防坠落措施。不应攀登（　　　）。

A. 组合式电缆架　　　B. 吊架　　　C. 爬梯　　　　D. 电缆

9. 油浸变压器、电抗器在放油及滤油过程中，（　　　）应可靠接地，储油罐和油处理设备应可靠接地，防止静电火花。

A. 外壳　　　　　B. 铁芯　　　　　C. 夹件　　　　　D. 各侧绕组

10. 滤油设备如采用油加热器时，应（　　　）；停机时操作顺序相反。

A. 先投加热器　　　B. 后开启油泵　　　C. 先开启油泵　　　D. 后投加热器

三、判断题（对的打"√"，错的打"×"，20 题，每题 2 分，共 40 分）

1. 图 5-190 中工作人员验电手势不规范。（　　　）

图 5-190

2. 图 5-191 中绞磨钢丝绳残绕圈数不足。(　　　)

图 5-191

3. 图 5-192 中缆风绳绳卡安装不正确。(　　　)

图 5-192

4. 图 5-193 中警示牌使用符合规范。（　　　）

图 5-193

5. 铁塔、构架、避雷针、避雷线安装结束后立即接地。（　　　）

6. 绞磨和卷扬机应放置平稳，锚固应可靠，并应有防滑动措施。受力前方不得有人。（　　　）

7. 任何人员进入生产、施工现场均应正确佩戴安全帽。（　　　）

8. 人力移动杆段时，应动作协调，滚动前方应有人随时用木楔掩牢。（　　　）

9. 安全绳连接器表面光滑，无裂纹、褶皱，边缘圆滑无毛刺，无永久性变形和活门失效等现象。（　　　）

10. 变压器吊罩时，应将外罩放置在变压器（电抗器）外围干净支垫上，避免外罩直接落在铁芯上。必要时采取支撑固定等安全措施。（　　　）

11. 挥发性易燃材料不得装在敞口容器内或存放在普通仓库内。（　　　）

12. 在运行的变电站手持绝缘物件不应超过本人的头顶，设备区内禁止撑伞。（　　　）

13. 在运行的变电站及高压配电室搬动梯子、线材等长物时，可一人搬运。（　　　）

14. 在带电设备区域内或邻近带电母线处禁止使用金属梯子。（　　　）

15. 在平行或邻近带电设备部位施工（检修）作业时，为防护感应电压加装的个人保安接地线应记录在工作票上，并由施工作业人员自装自拆。（　　　）

16. 进行变压器、电抗器内部作业时，作业人员应穿无纽扣、无口袋的工作服、耐油防滑靴等专用防护用品。（　　　）

17. 验电时，应使用相应电压等级且检验合格的接触式验电器。验电应在装设接地线或合接地刀闸（装置）处对各相分别进行。（　　　）

18. 在停电母线上作业时，应将接地线尽量装在远离电源进线处的母线上，必要时可装设两组接地线，并做好登记。（　　　）

19. 改、扩建工程中，在室内高压设备上或某一间隔内作业时，在作业地点两旁及对面的间隔上均应设围栏并挂"在此工作！"安全标志牌。（　　　）

20. 在电气设备全部或部分停电作业时，接地线一经拆除，设备即应视为有电，禁止再去接触或进行作业。（　　　）

【参考答案】
一、单选题
1.B　2.A　3.C　4.A　5.D　6.B　7.B　8.A　9.D　10.D　11.C　12.A　13.C　14.B　15.C　16.A　17.D　18.C　19.B　20.B
二、多选题
1.ABD　2.BC　3.ABD　4.AC　5.ABC　6.AB　7.ABC　8.ABD　9.ABCD　10.CD
三、判断题
1.√　2.√　3.√　4.×　5.×　6.√　7.√　8.×　9.√　10.√　11.√　12.×　13.×　14.√　15.√　16.√　17.√　18.×　19.×　20.√

九、变电调试作业

变电调试作业专业模拟题
（50题，单选20题，多选10题，判断20题）

一、单选题（20题，每题2分，共40分）

1. 图5-194中存在哪种违章行为：（　　　）。

图5-194

A. 梯头用铁丝固定，卡扣缝隙处未做好垫护

B. 梯头封口未可靠封闭

C. 作业人员未到达梯头上进行工作，梯头即开始移动

D. 作业人员未戴安全帽

2. 图 5-195 中存在哪种违章行为：（　　　）。

图 5-195

A. 高空抛物　　　　　　　　　　　B. 挂接地线未使用安全绳

C. 挂接地线未佩戴绝缘手套　　　　D. 作业人员未戴安全帽

3. 图 5-196 中存在哪种违章行为：（　　　）。

图 5-196

A. 接地线挂接不牢靠　　　　　　　B. 未戴安全帽

C. 绝缘遮蔽长度不足　　　　　　　D. 接地线未使用透明绝缘护套包裹

4. 图 5-197 中存在哪种违章行为：（　　　）。

图 5-197

A. 挂接地线时未对接地部位除漆　　　　　B. 未戴安全帽

C. 绝缘遮蔽长度不足　　　　　　　　　　D. 高压试验人员未使用绝缘垫

5. 图 5-198 中红线标示部分存在哪种违章行为：（　　　）。

图 5-198

A. 作业人员未戴安全帽　　　　　　　B. 作业人员未穿防护服

C. 工作人员在作业现场穿凉鞋、拖鞋　　D. 作业人员高空抛物

6. 专业分包商自带起重机械、施工机械、工器具等在入场前必须（　　　），施工项目部检查合格后报监理项目部审核验证。

A. 证书齐全　　　　B. 外观良好　　　　C. 正常使用　　　　D. 检验合格

7. 支设柱模板时，其四周应钉牢，操作时应搭设临时（　　　）。

A. 安全围栏　　　　B. 步道　　　　C. 脚手架　　　　D. 安全网

8. 两台及以上起重机抬吊时，吊物离地面（　　　）左右，停机检查起吊受力情况，确认无误后，再继续匀速起吊。

  A.50 mm   B.60 mm   C.80 mm   D.100 mm

  9. 抬吊中，各台起重机吊钩与吊绳保持垂直，升降或行走必须同步。各台起重机承受的载荷不得超过各自允许额定起重量的（　　）。

  A.0.5   B.0.6   C.0.7   D.0.8

  10. 管形母线现场保管应保证包装完好，堆放层数不应超过（　　），层间应设枕木隔离，保管区域应设隔离围挡，严禁人员踩踏管形母线。

  A. 两层   B. 三层   C. 四层   D. 五层

  11. 管形母线上安装隔离开关静触头或调整管形母线，必须使用（　　）。

  A. 高空作业车   B. 吊车   C. 铲车   D. 升降机

  12. 使用桁车吊装 GIS 时，桁车必须经质监检验合格并进行（　　）。操作人员应在所吊 GIS 的后方或侧面操作。

  A. 检查   B. 试车   C. 试吊   D. 试验

  13. 使用绞磨时，磨绳在磨芯上缠绕圈数不得少于（　　）圈，拉磨尾绳人员不得少于 2 人，并且距绞磨距离不得小于 2.5 m。两台绞磨同时作业时应统一指挥，绞磨操作人员应精神集中。

  A.3   B.4   C.5   D.6

  14. 电气试验工作不得少于（　　）人，试验人员脚穿绝缘防滑鞋，上下使用绝缘攀爬设施。

  A.1   B.2   C.3   D.4

  15. 改扩建施工中，变电站及高压配电室的梯子、线材等长物应（　　）搬运。

  A. 放倒后   B. 竖着   C. 横着   D. 斜着

  16. 改扩建施工中，接地线一经拆除，设备即应视为（　　），禁止再去接触或进行作业。

  A. 无电   B. 有电   C. 有感应电   D. 无感应电

  17. 地下变电站工程施工中，人工成孔孔内照明必须采用（　　），并配备抽、送风设备。

  A. 高压   B. 低压   C. 安全电压   D. 中压

  18. 地下变电站工程施工中，挖出的土方不得堆放在孔口四周（　　）范围内。

  A.0.5 m   B.1 m   C.1.5 m   D.2 m

  19. 高处作业的平台、走道、斜道等应装设不低于 1.2 m 高的护栏，并设

（　　　）高的挡脚板。

    A.180 mm　　　　　　B.150 mm　　　　　　C.120 mm　　　　　　D.110 mm

20. 在气温低于 −10℃进行露天高处作业时，施工场所附近宜设（　　　），并采取防火措施。

    A. 帐篷　　　　　　B. 热饮点　　　　　　C. 取暖休息室　　　　　　D. 防护棚

二、多选题（10 题，每题 2 分，共 20 分）

1. 在电气设备全部或部分停电作业时，设置的围栏应醒目、牢固。禁止任意移动或拆除（　　　）及其他安全防护设施。

    A. 围栏　　　　　　B. 接地线　　　　　　C. 安全标志牌　　　　　　D. 安全责任牌

2. 在运行或部分带电盘、柜内作业时，应了解盘内带电系统的情况，并进行相应的（　　　）标识。

    A. 设备区域　　　　　　B. 运行区域　　　　　　C. 作业区域　　　　　　D. 屏柜区域

3. 改、扩建工程拆运行盘、柜内二次电缆时，作业人员应采取（　　　）措施。

    A. 确定所拆电缆确实已退出运行

    B. 用验电笔或表计测量确认后方可作业

    C. 确定拆除电缆屏蔽接地线后方可作业

    D. 拆除的电缆端头应采取绝缘防护措施

4. 下列情况应填用变电站第一种工作票的是（　　　）。

    A. 需要高压设备全部停电、部分停电或做安全措施的工作

    B. 在高压设备区域工作不需要将高压设备停电者或做安全措施的工作

    C. 在经继电保护出口跳闸的相关回路上工作，需将高压设备停电或做安全措施者

    D. 在继电保护、安全自动装置等及其二次回路，可以不停用高压设备或不需做安全措施

5. 作业前，应通过改善（　　　）、法等要素，降低施工作业风险。

    A. 机　　　　　　B. 人　　　　　　C. 料　　　　　　D. 环

6. 下列情况应填用变电站第二种工作票的是（　　　）。

    A. 在高压设备区域工作，不需要将高压设备停电者或做安全措施的工作

    B. 继电保护装置系统在运行中改变装置原有定值时不影响一次设备正常运行的工作

    C. 安全自动装置系统在运行中改变装置原有定值时不影响一次设备正常运行的工作

    D. 自动化监控系统在运行中改变装置原有定值时不影响一次设备正常运行的工作

7. 在变电站（配电室）中进行扩建时，有关新设备和母线说法正确的有（　　　）。

A. 已就位的一次设备应及时接地

B. 已就位的一次设备不得接地，应全部安装完附件后再接地

C. 已就位的新盘柜外壳应及时接地

D. 新安装的母线应及时完善接地装置连接

8. 邻近带电部分作业时，关于作业人员的正常活动范围与带电设备的安全距离描述正确的有（　　　）。

A.35kV：1.00 m   B.110kV：1.50 m

C.220kV：2.5 m   D.500kV：5.00 m

9. 建设管理单位将施工安全风险识别、评估及控制管理工作纳入（　　　）等合同条款，并严格考核。

A. 监理　　　　　　B. 施工　　　　　　C. 厂家　　　　　　D. 设计

10. 每日站班会及风险控制措施检查记录表中"三交"指的是（　　　）。

A. 交风险　　　　　B. 交任务　　　　　C. 交安全　　　　　D. 交技术

三、判断题（对的打"√"，错的打"×"，20 题，每题 2 分，共 40 分）

1. 使用链条葫芦和手扳葫芦，带负荷停留较长时间或过夜时，应采用手拉链或扳手绑扎在吊钩上，并采取保险措施。（　　　）

2. 图 5-199 中标志牌悬挂的位置正确。（　　　）

图 5-199

3. 施工用金属房内配线应采用橡胶线且用瓷件固定。照明用灯采用普通日光灯。（　　　）

4. 器材应按规定堆放，钢管堆放的两侧应设立柱，堆放高度不宜超过 1 m，层间可加垫。（　　）

5. 施工用电方案应编入项目管理实施规划或作业指导书，其布设要求应符合国家行业有关规定。（　　）

6. 发电机组应配置可用于扑灭电气火灾的灭火器，禁止存放易燃易爆物品。（　　）

7. 特殊高处作业宜设有与地面联系的信号或通信装置，并由专人负责。（　　）

8. 开关和熔断器的容量应满足被保护设备的要求。闸刀开关应有保护罩。可用其他金属丝代替熔丝。（　　）

9. 照明灯具的悬挂高度不应低于 2 m，并不得任意挪动，低于 2 m 时应设保护罩。照明灯具开关应控制相线。（　　）

10. 试验用电源应有断路明显的开关和电源指示灯。更改接线或试验结束时，应首先断开试验电源，再进行充分放电，升压设备的高压部分不得接地。（　　）

11. 高压试验中如发生异常情况，应立即断开电源，并经充分放电、接地后方可检查。（　　）

12. 换流站直流高压试验，单极金属回线运行时，应对停运极进行空载加压试验。（　　）

13. 在进行高处作业时，如在格栅式的平台上工作，为了防止工具和器材掉落，应采取有效隔离措施，如铺设木板等。（　　）

14. 土方开挖中，观测到基坑边缘有裂缝和渗水等异常时，立即停止作业并报告施工负责人，待处置完成合格后，再开始作业。（　　）

15. 人工挖孔基础开挖，吊运弃土所使用的电动葫芦、吊笼等应安全可靠并配有自动卡紧保险装置，距离桩孔口 1 m 内不得有机动车辆行驶或停放。（　　）

16. 吊装作业前，对起重机限位器、限速器、制动器、支脚与吊臂液压系统进行安全检查，并空载试运转。（　　）

17. 套管吊装作业时，大型套管采用两台起重机械抬吊时，应分别校核主吊和辅吊的吊装参数，特别防止辅吊在套管竖立过程中超幅度或超载荷。（　　）

18. 串联补偿装置绝缘平台吊装作业时，吊装前不必复测支撑绝缘子的轴线和顶面标高，确保各支撑绝缘子能够均匀受力，防止单个绝缘子超载而导致绝缘平台坍塌。（　　）

19. 测量二次回路的绝缘电阻时，被试系统内应切断电源，其他作业应暂

停。（　　　）

20. 对智能终端和合并单元进行试验时，应明确其影响范围。在影响范围内的保护装置应退出相应间隔，必要时可以申请保护装置和一次设备退出运行。（　　　）

【参考答案】

一、单选题

1.A　2.C　3.A　4.A　5.C　6.D　7.C　8.D　9.D　10.B　11.A　12.C　13.C　14.B　15.A　16.B　17.C　18.B　19.A　20.C

二、多选题

1.ABC　2.BC　3.ABD　4.AC　5.ABCD　6.ABCD　7.ACD　8.ABD　9.ABD　10.BCD

三、判断题

1.×　2.×　3.√　4.√　5.√　6.×　7.√　8.√　9.√　10.×　11.√　12.×　13.√　14.√　15.×　16.√　17.√　18.×　19.√　20.√

十、劳务分包作业

劳务分包作业专业模拟题
（50题，单选20题，多选10题，判断20题）

一、单选题（20题，每题2分，共40分）

1. 塑料安全帽使用期从产品制造完成之日起计算，不得超过（　　　）。

A.5年　　　　　　　B.3年半　　　　　　　C.3年　　　　　　　D.2年半

2. 严肃作业队伍管理，重点强化外包队伍管控，严把施工队伍、人员准入关，严格执行施工单位角面清单和（　　　）制度。

A. 白名单　　　　　B. 工作票　　　　　　C. 黑名单　　　　　　D. 安全

3. 个人保安线应用多股软铜线，其截面不得小于（　　　）mm^2。

A.13　　　　　　　　B.14　　　　　　　　C.15　　　　　　　　D.16

4. 装设个人保安线时，应（　　　），且接触良好、连接可靠。

A. 先接导线端，后接接地端　　　　　　B. 先接接地端，后接导线端

C. 先接上端，后接下端　　　　　　　　D. 先接下端，后接上端

5. 脚手架搭设过程中，支撑架搭设的间距、步距、扫地杆设置必须执行（　　　）。

　　A. 施工方案　　　　B. 技术交底　　　　C. 作业指导书　　　　D. 作业票

6.《国家电网公司输变电工程施工现场关键点作业安全管控措施》作为强制性措施，划出关键作业施工安全管理的底线、红线，施工过程中必须严格执行，违反本措施由监理下发停工令，并告知（　　　）。

　　A. 施工　　　　　　B. 设计　　　　　　C. 业主　　　　　　D. 安监部门

7. 塔吊主要部件和安全装置等应进行经常性检查，每（　　　）天不得少于一次。

　　A.7　　　　　　　　B.15　　　　　　　　C.20　　　　　　　　D.30

8.《国家电网公司输变电工程施工现场关键点作业安全管控措施》重点针对责任不落实、制度不落实、方案不落实、措施不落实问题，总结提炼出能够有效防止（　　　）的关键措施。

　　A. 电网及设备事故　B. 人身事故　　　C. 施工机械事故　　　D. 安全稳定事件

9. 插入式振动器的电动机电源上应安装（　　　），接地或接零应安全可靠。

　　A. 熔断器　　　　　　　　　　　　　B. 延时继电器

　　C. 稳压器　　　　　　　　　　　　　D. 剩余电流动作保护装置（漏电保护器）

10. 自制的汽车吊高处作业平台应经计算、验证，并制定操作规程，经施工单位（　　　）批准后方可使用。

　　A. 工程部　　　　　B. 安监部　　　　C. 设备管理部　　　　D. 分管领导

11. 夏季使用电动液压工器具时应防止暴晒，其液压油油温不得超过（　　　）。

　　A.65℃　　　　　　B.70℃　　　　　　C.75℃　　　　　　　D.80℃

12. 业主项目部针对人身伤害的关键环节，组织设计单位对施工、监理项目部进行风险初勘、交底，在设计交底过程中，重点对可能造成人身伤害的风险进行专项交底，由相关方会签后，经（　　　）签发后执行。

　　A. 业主项目经理　　B. 总监理工程师　　C. 施工项目经理　　D. 专职安全员

13. 施工用电系统接火前，（　　　）必须掌握安全用电基本知识和所用设备的性能，必须按规定配备和穿戴相应的劳动防护用品，并应检查电气装置和保护设施，确保设备完好。

　　A. 电焊工　　　　　B. 施工队长　　　　C. 技术员　　　　　D. 专业电工

14. 监理单位履行输变电工程三级及以上施工安全风险监理单位到岗到位要求，监理公司相关管理人员对跨越施工、深基坑开挖、（　　　）及电缆隧道工程等四级风险作业进行现场检查，并在每日站班会及风险控制措施检查记录表中签字。

  A. 邻近带电线路组塔   B. 吊装塔头

  C. 地锚埋设   D. 高空压接

  15. 遇雷电、雨、雪、霜、雾，相对湿度大于（ ）或 5 级以上大风天气时，严禁进行不停电跨越作业。

  A. 80%   B. 85%   C. 90%   D. 95%

  16. 依据《国家电网公司输变电工程施工现场关键点作业安全管控措施》，建设管理单位对违反规定与要求的施工承包商，责令其改进或停工整顿，依据（ ）进行考核。

  A. 施工合同   B. 施工合同补充合同

  C. 安全协议   D. 施工单位相关安全奖惩规定

  17. 对电缆线路停电切改施工时，判定停电电缆应指定（ ）人及以上。

  A. 1   B. 2   C. 3   D. 4

  18. 挂接地线时先接接地端，再接设备端，拆接地线时顺序（ ），不得擅自移动或拆除接地线。

  A. 一致   B. 不同   C. 相反   D. 相同

  19. （ ）建立配套施工作业票台账，结合工作票检查，同步检查关键点作业的每日检查记录台账。

  A. 施工项目部   B. 施工班组   C. 资料员   D. 项目总工

  20. 业主项目部组织施工，监理项目部梳理、掌握本工程可能造成人身伤亡事故的风险，将其纳入项目总体策划、（ ）等策划文件，制定管控计划，履行审批手续。

  A. 建设管理纲要   B. 应急处置方案

  C. 安委会会议纪要   D. 安全例会会议纪要

二、多选题（10 题，每题 2 分，共 20 分）

  1. 使用卷扬机作业前应进行检查和试车，确认卷扬机设置稳固，（ ）、离合器、保险棘轮、索具等合格后，方可使用。

  A. 防护设施   B. 电气绝缘   C. 制动装置   D. 导向滑轮

  2. 起重设备的吊索具和其他起重工具应按出厂（ ）的规定使用，不准超负荷使用。

A. 宣传材料　　　　B. 包装箱标识　　　　C. 说明书　　　　　D. 铭牌

3. 钢丝绳（套）有下列情况之一者应报废或截除：（　　　）。

A. 绳股挤出、断裂

B. 钢丝绳未上油保养

C. 钢丝绳受化学介质的腐蚀，外表出现颜色变化

D. 钢丝绳的弹性显著降低，不易弯曲，单丝易折断

4. 合成纤维吊装带使用前应对吊带进行试验和检查，下列选项正确的是（　　　）。

A. 所需标识已经丢失或不可辨识，应立即停止使用

B. 吊装不得拖拉、打结使用

C. 可以长时间悬吊货物

D. 损坏严重者应做报废处理

5. 起重滑车出现下述情况之一时应报废：（　　　）。

A. 裂纹

B. 轮槽径向磨损量达钢丝绳名义直径的 25%

C. 轮槽壁厚磨损量达基本尺寸的 10%

D. 轮槽不均匀磨损量达 3 mm

6. 电动工器具使用前应检查的事项有：（　　　）。

A. 外壳、手柄无裂缝、无破损　　　　B. 保护接地线或接零线连接正确、牢固

C. 机械防护装置完好　　　　　　　　D. 是否有检测标识

7. 安全工器具包括防止触电、灼伤、坠落、淹溺等事故或职业危害，保障作业人员人身安全的（　　　）和标志牌等专用工具和器具的管理，应符合《国家电网公司电力安全工器具管理规定》。

A. 绝缘安全工器具　　　　　　　　　B. 登高工器具

C. 安全围栏（网）　　　　　　　　　D. 个体防护装备

8. 安全工器具不得接触（　　　），不得移作他用。

A. 高温　　　　　B. 明火　　　　　C. 化学腐蚀物　　　　D. 尖锐物体

9. 《国家电网公司输变电工程施工现场关键点作业安全管控措施》重点针对（　　　）问题，总结提炼出能够有效防止人身事故的关键措施。

A. 责任不落实　　　B. 制度不落实　　　C. 方案不落实　　　D. 措施不落实

10. 有关水上运输的安全要求，下列说法正确的有：（　　　）。

A. 乘坐有运输资质的船舶，船舶上配备有救生设备

B. 易滚、易滑和易倒的物件必须绑扎牢固

C. 禁止超员、超载

D. 遇有洪水或者大风、大雾、大雪等恶劣天气，严禁水上运输

三、判断题（对的打"√"，错的打"×"，20题，每题2分，共40分）

1. 个人保安线作为预防感应电使用，特殊情况下可以代替工作接地线。（　　）

2. 使用抽拉式电容型验电器时，绝缘杆应根据操作距离适当拉开。（　　）

3. 移动梯子时，梯子上的工作人员应抓稳抓牢。（　　）

4. 低压架空线必须使用绝缘线，架设在专用电杆上和树木上、脚手架及其他设施上。（　　）

5. 劳务分包人员安全教育培训由劳务分包单位自行管理。（　　）

6. 劳务分包人员不得独立承担危险作业以及危险性较大的分部分项工程施工。（　　）

7. 落地式钢管脚手架施工中，支撑架搭设与拆除作业前，不用设置警戒区域，悬挂警告牌，设专人监护，严禁非作业人员进入。（　　）

8. 对电缆线路隧道的始发井、接收井进行土方开挖过程中，必须观测基坑周边土质是否存在裂缝及渗水等异常情况，适时进行监测。（　　）

9. 在有限空间作业时应设专人监护，监护人在有限空间内持续监护，有限空间内外保持联络畅通。（　　）

10. 在带电运行设备区域内的易飘扬、飘洒物品，必须严格回收或固定，防止半导电漂浮物接触高压带电体，产生感应电伤人事故。（　　）

11. 配备专用仪器对停电电缆线路进行判定，切断电缆前必须使用螺丝刀刺穿电缆。（　　）

12. 塔吊起重量定额必须大于所起吊的物件荷载的1.5倍。恶劣天气发生后，必须对塔吊全面安全技术检查维护一次。（　　）

13. 施工分包应同时签订分包合同及安全协议。（　　）

14. 使用飞车安装间隔棒时，前后刹车卡死（刹牢）前即可进行工作走线检查、安装间隔棒。（　　）

15. 安装间隔时，安全带挂在一根子导线上，后备保护绳挂另外一根子导线上。（　　）

16. 拆除旧导、地线时允许带张力断线。（　　）

17. 分解吊拆杆塔时，待拆构件受力后，方准拆除连接螺栓。（　　　）

18. 电缆线路工程深基槽（坑）开挖，应制定雨雪天应急预案，认真做好地面排水、边坡渗导水以及槽（坑）底排水措施。（　　　）

19. 电气交流或直流加压试验，试验设备和被试设备必须可靠接地，设备通电过程中，试验人员不得中途离开。试验结束后及时将试验电源断开，并对容性被试设备进行充分放电后，方可拆除试验接线。（　　　）

20. 系统调试时，由一次设备处引入的测试回路注意采取防止高电压引入的危险，不必检查一次设备接地点和试验设备安全接地，高压试验设备必须铺设绝缘垫。（　　　）

【参考答案】

一、单选题

1.D　2.C　3.D　4.B　5.A　6.C　7.B　8.B　9.D　10.D　11.A　12.A　13.D　14.A　15.B　16.A　17.B　18.A　19.A　20.B

二、多选题

1.ABCD　2.CD　3.ACD　4.ABD　5.ABCD　6.ABCD　7.ABCD　8.ABCD　9.ABCD　10.ABCD

三、判断题

1.×　2.×　3.×　4.×　5.×　6.✓　7.×　8.✓　9.×　10.✓　11.×　12.×　13.✓　14.×　15.×　16.×　17.✓　18.×　19.✓　20.×

第十节　热力与机械准入考试模拟卷

热力与机械专业模拟题
（50题，单选20题，多选10题，判断20题）

一、单选题（20题，每题2分，共40分）

1. 在进行高空作业时，工具必须放在（　　　）。

A. 工作服口袋里　　　　　　　　　B. 手提工作箱或工具袋里

C. 用手抱着所有工具　　　　　　　　D. 把工具放在架子上

2. 一次风调平试验时，若需要在梯子上工作，梯与地面的斜角度为（　　）左右。

A.60°　　　　　　B.45°　　　　　　C.30°　　　　　　D.90°

3. 在高处作业或在高空平台上行走时，要认真观察行进路线有无（　　）、临边、孔洞等不安全因素。

A. 障碍物　　　　B. 人员　　　　　　C. 材料　　　　　　D. 工具

4. 在空气预热器进口、脱硝入口开展烟气测量时，需带（　　）。

A. 绝缘手套　　　B. 纱布手套　　　　C. 防烫手套　　　　D. 橡胶手套

5. 油管道不宜用法兰盘连接，在热体附近的法兰盘必须装（　　）。

A. 金属罩壳　　　B. 绝缘罩壳　　　　C. 非金属罩壳　　　D. 绝缘材料

6. 所有高温的管道、容器等设备上都应保温，保温层应保证完整。当环境温度在 25℃时，保温层的温度不宜超过（　　）。

A.40℃　　　　　B.50℃　　　　　　C.60℃　　　　　　D.70℃

7. 在不停止吸风机运行情况下，对袋式除尘器某个室进行检修，必须将与该室相连的进出口烟道挡板门全部关闭，并切断电动执行器电源，挂禁止操作警示牌。在进入除尘器前，必须做好良好通风，当温度低于（　　）时，方可进入除尘器净气室内作业。

A.40℃　　　　　B.50℃　　　　　　C.60℃　　　　　　D.70℃

8. 在脱硫烟道内部作业必须使用（　　）的防爆照明灯具。

A.12V　　　　　B.24 V　　　　　　C.36 V　　　　　　D.48 V

9. 不停机进行汽、水管道的检修工作，必须由有关（　　）批准和运行人员的许可（工作票和动火票），并应在检修工作负责人的领导下进行。工作人员应熟悉管道系统的连接方式及阀门和配件的用途和检修方法。

A. 生产领导　　　B. 主管领导　　　　C. 值长　　　　　　D. 检修负责人

10. 所有高温的管道、容器等设备上都应有（　　），保温层应保证完整。

A. 防护罩　　　　B. 标志　　　　　　C. 保温　　　　　　D. 隔热层

11. 生产厂房的取暖热源，应有专人管理。使用压力应符合取暖设备的要求，如用较高压力的热源时，必须装有减压装置，并装（　　）。

A. 压力表　　　　B. 安全阀　　　　　C. 疏水阀　　　　　D. 泄压阀

12. 进入煤粉仓、引水洞等相对受限场所以及地下厂房等空气流动性较差的场所作业，必须事先进行（　　　），并测量氧气、一氧化碳、可燃气等气体含量，确认不会发生缺氧、中毒方可开始作业。

    A. 通风　　　　　　　B. 气体测量　　　　　C. 监护　　　　　　　D. 通流

13. 在金属容器内和狭窄场所工作时，必须使用 24V 以下的电气工具，或选用手持式电动工具（　　　）。

    A.1 类　　　　　　　B.2 类　　　　　　　C.3 类　　　　　　　D.4 类

14. 卸煤沟、储煤场等处应装设（　　　）信号，使卸煤工人及时知道机车到来。

    A. 灯光　　　　　　　B. 射灯　　　　　　　C. 音响　　　　　　　D. 报警

15. 液氨储罐充装量不得超过储罐总容积的（　　　）。

    A.65%　　　　　　　B.75%　　　　　　　C.85%　　　　　　　D.95%

16. 现场防护栏高度不低于（　　　），护板高度不低于 100 mm。

    A.1000 mm　　　　　B.1050 mm　　　　　C.1100 mm　　　　　D.1200 mm

17. 下列粉尘中，（　　　）粉尘可能会发生爆炸。

    A. 生石灰　　　　　　B. 面粉　　　　　　　C. 水泥　　　　　　　D. 钛白粉

18. 回流和加热时，液体量不能超过烧瓶容量的（　　　）。

    A.1/2　　　　　　　B.2/3　　　　　　　C.3/4　　　　　　　D.4/5

19. 领取及存放化学药品时，下列说法错误的是（　　　）。

    A. 确认容器上标示的名称是否为需要的实验用药品

    B. 化学药品应分类存放

    C. 学习并清楚化学药品危害标示和图样

    D. 有机溶剂、固体化学药品、酸、碱化合物可以存放于同一药品柜中

20. 电气设备的外壳防护措施有：（　　　）。

    A. 无　　　　　　　　B. 保护性接地　　　　C. 防锈漆　　　　　　D. 绝缘

二、多选题（10 题，每题 2 分，共 20 分）

1. 氢、瓦斯管路查漏，可以用以下方法：（　　　）。

    A. 专用查漏仪　　　　B. 肥皂水法　　　　　C. 蜡烛法　　　　　　D. 撒白灰粉末

2. 开展风门挡板特性试验时，需要佩戴安全工器具：（　　　）。

    A. 安全帽　　　　　　B. 防护目镜　　　　　C. 安全带　　　　　　D. 防尘口罩

3. 汽、水管道及瓦斯油管道的检修工作，工作人员应熟悉管道系统的（　　　）。

    A. 连接方式　　　　　　　　　　　　B. 阀门和配件的用途

C. 阀门的操作方法　　　　　　　　　D. 检修方法

4. 高架绝缘斗臂车的工作位置应选择适当，支撑应稳固可靠，并有防倾覆措施。使用前应在预定位置空斗试操作一次，确认（　　）工作正常、操作灵活，制动装置可靠。

A. 伸缩系统　　　B. 液压传动　　　C. 回转　　　　　D. 升降

5. 高架绝缘斗臂车操作人员应服从工作负责人的指挥，作业时应注意（　　）。

A. 周围环境　　　B. 液压油量　　　C. 支腿情况　　　D. 操作速度

6. 装有 SF_6 设备的配电装置室和 SF_6 气体实验室，应（　　）。

A. 装设强力通风装置　　　　　　　　B. 风口应设置在室内底部

C. 排风口不应朝向居民住宅　　　　　D. 排风口不应朝向行人

7. 工作人员不准在 SF_6 设备防爆膜附近停留。若在巡视中发现异常情况，应（　　）。

A. 立即报告　　　　　　　　　　　　B. 查明原因

C. 立即停电处理　　　　　　　　　　D. 采取有效措施进行处理

8. 凡有毒性、易燃或有爆炸性的药品不准放在化验室的架子上，应储放在（　　），并有专人负责保管。

A. 工具柜内　　　　　　　　　　　　B. 隔离的房间和柜内

C. 远离厂房的地方　　　　　　　　　D. 办公室内

9. 低压电气带电工作，禁止使用（　　）等工具。

A. 锉刀　　　　　　　　　　　　　　B. 金属尺

C. 带有金属物的毛刷　　　　　　　　D. 带有金属物的毛掸

10. 关于高压试验装置，下列说法正确的是（　　）。

A. 试验装置的金属外壳应可靠接地

B. 高压引线应尽量缩短，并采用专用的高压试验线，必要时用绝缘物支持牢固

C. 试验装置的电源开关应使用明显断开的双极刀闸。为了防止误合刀闸，可在刀刃或刀座上加绝缘罩

D. 试验装置的低压回路中应有两个并联电源开关，并加装过载自动跳闸装置

三、判断题（对的打"√"，错的打"×"，20 题，每题 2 分，共 40 分）

1. 做有危害性气体的实验必须在通风橱里进行。（　　）

2. 安全阀的公称压力与容器的工作压力应相匹配。（　　）

3. 氧气瓶严禁油污，使用时要注意手、扳手或衣服上的油污。（　　）

4. 为方便进出专人管理的设备房间，可自行配制钥匙。（　　）

5. 火或热水等引起的大面积烧伤、烫伤，必须用湿毛巾、湿布、湿棉被覆盖，然后送医院进行处理。（　　）

6. 在不影响实验室周围走廊通行的情况，可以堆放仪器等杂物。（　　）

7. 做接触高温物体的工作时，应戴手套和穿专用的防护工作服。（　　）

8. 工作人员进入噪声超标的作业区域，应正确佩戴耳塞等防护用品。（　　）

9. 因为实验需要，可以在实验室临时存放大量气体钢瓶。（　　）

10. 大型仪器使用中应注意仪器设备的接地、电磁辐射、网络安全等安全事项，避免事故发生。（　　）

11. 在密闭容器内采取可靠的安全措施后，可以在监护下同时进行电焊及气焊工作。（　　）

12. 安全带的挂钩或绳子应挂在结实牢固的构件上，或专为挂安全带用的钢丝绳上。禁止挂在移动或不牢固的物件上。（　　）

13. 各生产场所应有逃生路线的标示。（　　）

14. 在工作地点最多只许有两个氧气瓶。（　　）

15. 高处作业人员在转移作业位置时可失去安全保护，但转移完毕后必须恢复。（　　）

16. 高处作业使用的脚手架不需验收即可使用。（　　）

17. 在特殊情况下可以利用管道、栏杆、脚手架悬吊重物和起吊设备。（　　）

18. 鉴别性质不明的药品，可以用手在容器上轻轻扇动，在稍远的地方去嗅发散出来的气味。（　　）

19. 汽轮机热力试验时，可以自己动手安装现场试验仪表。（　　）

20. 现场工作开始前，应检查已做的安全措施是否符合要求，运行设备和检修设备之间的隔离措施是否正确完成，工作时还应仔细核对检修设备名称，严防走错位置。（　　）

【参考答案】

一、单选题

1.B　2.A　3.A　4.C　5.A　6.B　7.B　8.A　9.A　10.C　11.B　12.A　13.B　14.C　15.C　16.B　17.B　18.B　19.D　20.B

二、多选题

1.AB　2.ABCD　3.ABD　4.ABCD　5.AD　6.ABCD　7.ABD　8.BC
9.ABCD　10.ABC

三、判断题

1. √　2. √　3. √　4. ×　5. √　6. ×　7. √　8. √　9. ×　10. √　11. ×　12. √
13. √　14. √　15. ×　16. ×　17. ×　18. √　19. ×　20. √

第十一节　大型机械准入考试模拟卷

大型机械专业模拟题
（50题，单选25题，判断25题）

一、单选题（25题，每题2分，共50分）

1. 图 5-200 中红线标示部分存在哪种违章行为：（　　　）。

图 5-200

A. 起重机吊臂的最大仰角超过规定　　　B. 起吊过程中人员穿越吊臂下方

C. 吊起的重物在空中停留　　　D. 作业人员未戴安全帽

2. 图 5-201 中红线标示部分存在哪种违章行为：（　　　）。

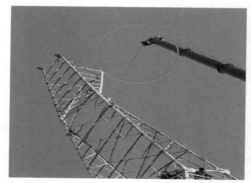

图 5-201

A. 临时拉线金具组件不匹配　　　　　B. 吊车未安装限位器

C. 临时拉线尾线未紧固　　　　　　　D. 高空抛物

3. 图 5-202 中起重机械吊物行走时，水泥杆应在起重机（　　　）。

图 5-202

A. 正后方　　　　　B. 正前方　　　　　C. 侧前方　　　　　D. 侧后方

4. 图 5-203 中存在哪种违章行为：（　　　）。

图 5-203

A. 未戴绝缘手套 　　　　　　　　　B. 吊车操作室内无绝缘垫

C. 未设置安全标志 　　　　　　　　D. 未穿防护服

5. 一切重大物件的起重、搬运工作应由（　　　）负责。

A. 检修（施工）单位派人 　　　　　B. 专责监护人

C. 工作负责人安排人员 　　　　　　D. 有经验的专人

6. 起重、搬运工作作业前应向参加工作的全体人员进行（　　　），使全体人员均熟悉起重搬运方案和（　　　）。

A. 安全培训；技术细节 　　　　　　B. 安全培训；安全措施

C. 技术交底；技术细节 　　　　　　D. 技术交底；安全措施

7. 起重指挥信号应（　　　），（　　　）。

A. 简明、标准、畅通；分工明确 　　B. 简明、统一、畅通；分工明确

C. 简明、标准、畅通；分工合理 　　D. 简明、统一、畅通；分工合理

8. 起重、搬运工作的技术交底不包含（　　　）。

A. 工程概况及施工工艺 　　　　　　B. 起重机械的选型

C. 作业现场指挥规范 　　　　　　　D. 构建堆放就位图

9. 起重、搬运工作的安全措施不包含（　　　）。

A. 起重作业前，要严格检查各种设备、工具、索具是否安全可靠

B. 吊运重物时，严禁人员在重物下站立或行走，重物也不得长时间悬在空中

C. 起重扒杆、地锚、钢丝绳、索具应选用合格且符合作业要求

D. 明确起重搬运一般由多人进行，由一人统一指挥

10. 多根钢丝绳吊运时，其夹角不得超过（　　　）。

A.30° 　　　　　　B.45° 　　　　　　C.60° 　　　　　　D.75°

11. 翻转大型物件时，应事先放好（　　　）。

A. 草垫 　　　　　B. 枕木 　　　　　C. 钢板 　　　　　D. 绝缘护面

12. 翻转大型物件时，操作人员应站在重物倾斜（　　　）的方向。

A. 相同 　　　　　B. 相反 　　　　　C. 侧边 　　　　　D. 外围

13. 移动式起重设备应安置平稳牢固，并应设有（　　　）。

A. 制动和逆止装置 B. 平衡装置 　　　C. 防护装置 　　　D. 夜间照明装置

14. 起重吊钩应挂在物件的（　　　）。

A. 顶端 　　　　　B. 对称轴上 　　　C. 中心线上 　　　D. 重心线上

15. 起吊电杆等长物件应选择（　　　）的吊点，并采取（　　　）的措施。

A. 垂直悬挂；防止突然倾倒　　　　　B. 悬挂方便；防止突然倾倒

C. 垂直悬挂；防止物件晃动　　　　　D. 悬挂方便；防止物件晃动

16. 更换绝缘子串和移动导线的作业，当采用单吊（拉）线装置时，应采取（　　　）时的后备保护措施。

A. 防止物件倾倒　　B. 防止导线脱落　　C. 防止感应电伤人　　D. 防止导线舞动

17. 没有得到（　　　）的同意，任何人不准登上起重机。

A. 工作负责人　　　B. 专责监护人　　　C. 指挥人员　　　　D. 起重司机

18. 起重机上应备有（　　　），驾驶室内应铺（　　　），禁止存放易燃物品。

A. 灭火装置；橡胶绝缘垫　　　　　　B. 灭火装置；耐高温纤维毯

C. 应急报警装置；橡胶绝缘垫　　　　D. 应急报警装置；耐高温纤维毯

19. 起重机械每年至少应做一次（　　　）。

A. 全面技术检查　　B. 常规性检查　　C. 电气装置检查　　D. 机械装置检查

20. 起重机械每次使用前的检查不包括（　　　）。

A. 电气设备外观检查　　　　　　　　B. 超重限制器的检查

C. 气动控制系统中的气压是否正常　　D. 检查报警装置能否正常操作

21. 起吊重物前，应由（　　　）检查悬吊情况及所吊物件的捆绑情况，认为可靠后方准试行起吊。

A. 起重设备指挥人员　　　　　　　　B. 起重设备操作人员

C. 施工项目部安全员　　　　　　　　D. 工作负责人

22. 起吊重物（　　　），应再检查悬吊及捆绑，认为可靠后方准继续起吊。

A. 吊绳初次绷直时　　　　　　　　　B. 稍一离地（或支持物）

C. 离地（或支持物）1 m 时　　　　　D. 离开地（或支持物）30 s 后

23. 各式起重机起升和变幅机构的（　　　）应是（　　　）的。

A. 限制开关；常开式　　　　　　　　B. 限制开关；常闭式

C. 制动器；常开式　　　　　　　　　D. 制动器；常闭式

24. 臂架式起重机应设有（　　　）。

A. 力矩限制器和联锁开关　　　　　　B. 夹轨钳和幅度指示器

C. 力矩限制器和幅度指示器　　　　　D. 联锁开关和幅度指示器

25. 超过（　　　）高度的车辆或机械通过架空电力线路时，必须采取安全措施，并经主管部门批准。

A.3 m　　　　　　　B.4 m　　　　　　　C.5 m　　　　　　　D.6 m

二、判断题（对的打"√"，错的打"×"，25 题，每题 2 分，共 50 分）

1. 图 5-204 中挖掘机作业时，在同一基坑内不应有人员同时作业。（　　　）

图 5-204

2. 图 5-205 中施工现场的搅拌机不符合规范，应搭设能防风、防雨、防晒、防砸的防护棚。（　　　）

图 5-205

3. 图 5-206 中吊车操作人员特种作业证过期，应该按期复审，定期体检。（　　　）

图 5-206

4. 图 5-207 中吊车支腿枕木使用符合规范。（　　　）

图 5-207

5. 一般纤维绳禁止在机械驱动的情况下使用。（　　　）

6. 禁止使用制动装置失灵或不灵敏的起重机械。（　　　）

7. 特种设备在投入使用前或投入使用后 30 日内，使用单位应向县级特种设备安全监督管理部门登记。（　　　）

8. 起重吊钩应挂在物件的中心线上。（　　　）

9. 在起吊、牵引过程中，受力钢丝绳的周围、上下方、转向滑车外角侧、吊臂和起吊物的下面，禁止有人逗留和通过。（　　　）

10. 在用起重机械应当每个月进行一次常规性检查。（　　　）

11. 起重机械每半年至少应做一次全面技术检查。（　　　）

12. 起吊重物前，应由工作负责人检查悬吊情况及所吊物件的捆绑情况，认为可靠后方准试行起吊。（　　　）

13. 各式起重机应根据需要安设过卷扬限制器、过负荷限制器、起重臂俯仰限制器、行程限制器、联锁开关等安全装置。（　　　）

14. 不得在跨越处下方或邻近有电力线路或其他弱电线路的档内进行带电架、拆线的工作。（　　　）

15. 高架斗臂车使用前应在预定位置空斗试操作一次，确认液压传动、回转、升降、伸缩系统工作正常、操作灵活，制动装置可靠。（　　　）

16. 在工作过程中，高架绝缘斗臂车的发动机不准熄火。（　　　）

17. 绝缘斗臂车作业接近和离开带电部位时，应由斗臂中人员操作，但下部操

作人员不准离开操作台。（　　）

18. 施工机具和安全工器具应集中放置、专库保管。入库、出库、使用前应进行检查。（　　）

19. 机具应由了解其性能并熟悉使用知识的人员操作和使用。（　　）

20. 机具应按出厂说明书和铭牌的规定使用，不准超负荷使用。（　　）

21. 钢丝绳端部用绳卡固定连接时，绳卡间距不应小于钢丝绳直径的 5 倍。（　　）

22. 通过滑轮及卷筒的钢丝绳不准有接头。（　　）

23. 在带电设备区域内使用汽车吊、斗臂车时，车身应使用不小于 16 mm^2 的硬铜线可靠接地。（　　）

24. 在带电设备区域内使用汽车吊、斗臂车时，在道路上施工应设警示灯，并设置适当的警示标志牌。（　　）

25. 起重机停放或行驶时，其车轮、支腿或履带的前端或外侧与沟、坑边缘的距离不准小于沟、坑深度的 1.1 倍；否则应采取防倾、防坍塌措施。（　　）

【参考答案】

一、单选题

1.B　2.B　3.B　4.B　5.D　6.D　7.B　8.C　9.C　10.C　11.B　12.B　13.A　14.D　15.B　16.B　17.D　18.A　19.A　20.B　21.D　22.B　23.D　24.C　25.B

二、判断题

1.√　2.√　3.√　4.×　5.√　6.√　7.×　8.×　9.×　10.×　11.×　12.√　13.√　14.×　15.√　16.√　17.√　18.×　19.√　20.√　21.×　22.√　23.×　24.×　25.×

第十二节 辅工（临时工）准入考试模拟卷

辅工（临时工）模拟题
（50题，单选50题）

一、单选题（50题，每题2分，共100分）

1. 安全围栏内，（ ）吸烟。

A. 允许

B. 工作负责人允许后可以

C. 严禁

2. 基坑施工，需佩戴（ ）后开展开挖工作。

A. 麻绳　　　　　　　　B. 皮带　　　　　　　　C. 安全带

3. 人工挖杆洞时，必须要有（ ）方可开展工作。

A. 监理人员　　　　　　B. 同事　　　　　　　　C. 专职监护人

4. 施工现场基本安全设施不包括（ ）。

A. 道路反光锥　　　　　B. 安全围栏　　　　　　C. 桌椅

5. 省电力公司风控系统现场施工前需要满足（ ）后方可开工。

A. 扫描身份证　　　　　B. 上传大头照　　　　　C. 人脸核验

6. 电缆敷设工作，应正确使用（ ）进行工作。

A. 牵引设备　　　　　　B. 消防设备　　　　　　C. 救护设备

7. 进入施工区域应通过（ ）进出。

A. 安全围栏上方　　　　B. 安全围栏下方　　　　C. 安全围栏出入口

8. 电动工器具使用时，（ ）才可使用。

A. 需要加装避雷器　　　B. 需要加装制动器　　　C. 需要加装可靠接地

9. 作业现场应听从（ ）指挥。

A. 任意领导　　　　　　B. 工头　　　　　　　　C. 工作负责人

10. 作业现场要做到不伤害自己、不伤害（ ）、不被他人伤害。

A. 材料　　　　　　　　B. 设备　　　　　　　　C. 他人

11. 国家电网有限公司要求的"四个管住"分别是：管住计划、管住队伍、管住人员、（　　　）。

    A. 管住自己　　　　　　　　B. 管住手脚　　　　　　　　C. 管住现场

12. 进入作业现场应正确佩戴（　　　），现场作业人员应穿全棉长袖工作服。

    A. 遮阳帽　　　　　　　　　B. 安全帽　　　　　　　　　C. 草帽

13. 未经现场工作负责人许可（　　　）任何设备。

    A. 可以触碰　　　　　　　　B. 不可以触碰　　　　　　　C. 工作结束后可以触碰

14.（　　　）进入施工现场，都应正确佩戴安全帽。

    A. 检修人员　　　　　　　　B. 任何人　　　　　　　　　C. 监理人员

15. 道路或马路施工，需要按照要求设置（　　　）。

    A. 警示桩　　　　　　　　　B. 封闭式围栏　　　　　　　C. 铁丝网

16. 现场工作过程中，应服从（　　　）的指挥。

    A. 路人　　　　　　　　　　B. 工作负责人　　　　　　　C. 特种操作人员

17. 临时工人员入场工作，必须佩戴（　　　）。

    A. 护照　　　　　　　　　　B. 入场证　　　　　　　　　C. 身份证

18. 进入设有带电的开闭所或者变电站搬运设备时，任何人不得触碰（　　　）。

    A. 搬运工具　　　　　　　　B. 带电设备　　　　　　　　C. 安全工具

19. 工作负责人或专职监护人因特殊原因需要暂离现场时，（　　　）继续施工。

    A. 可以　　　　　　　　　　B. 不可以　　　　　　　　　C. 短时间可以

20. 吊车吊臂下（　　　）站人。

    A. 可以　　　　　　　　　　B. 不可以　　　　　　　　　C. 戴安全帽可以

21. 深基坑、电缆工井内工作必须按照规定进行（　　　）。

    A. 化学品检测　　　　　　　B. 有限空间气体检测 C. 有毒物质检测

22. 电缆敷设工作，（　　　）踩踏电缆。

    A. 可以　　　　　　　　　　B. 不可以　　　　　　　　　C. 必要时可以

23. 杆上有人施工时需要传递工具，应使用（　　　）。

    A. 简易绳索　　　　　　　　B. 安全传递绳　　　　　　　C. 麻绳

24. 电缆敷设工作中，电缆进入工井内必须在井口加装（　　　）。

    A. 塑料包装袋　　　　　　　B. 电缆管卡　　　　　　　　C. 木质爬梯

25. 吊装拔梢杆时，应听从工作负责人或工作监护人指挥。必须（　　　）吊装设备。

    A. 靠近　　　　　　　　　　B. 远离　　　　　　　　　　C. 扶稳

26. 施工工作服应使用（　　）材料。

A. 尼龙　　　　　　　　　B. 全棉　　　　　　　　　C. 化纤

27. 作业现场的生产条件和安全设施等应符合有关标准、规范的要求，施工人员的（　　）应合格、齐备。

A. 着装　　　　　　　　　B. 劳动防护用品　　　　　C. 安全帽及绝缘靴

28. 临时工人员（　　）从事技术性工作。

A. 不可以

B. 可以

C. 工作负责人允许后可以

29. 临时工人员（　　）作为现场监护人

A. 不可以　　　　　　　　B. 可以　　　　　　　　　C. 看情况

30. 临时工人员入场工作时，必须穿着（　　）。

A. 民工反光马甲　　　　　B. 工作负责人马甲　　　　C. 专职监护人马甲

31. 临时工人员入场工作时，（　　）酗酒斗殴。

A. 禁止　　　　　　　　　B. 允许　　　　　　　　　C. 原则上不允许

32. 必须在（　　）之后，方可开展现场作业。

A. 完成安全交底签字，且工作负责人通知开工

B. 自认安全

C. 工头通知开工

33. 临时工人员入场施工前，需经过（　　）。

A. 审查备案　　　　　　　B. 派出所备案　　　　　　C. 街道备案

34. 施工佩戴的安全帽（　　）专业机构进行安全质量检测。

A. 需要　　　　　　　　　B. 不需要　　　　　　　　C. 部分需要

35. 降雨天气进行施工，应在工作服外穿着（　　）雨衣。

A. 绝缘　　　　　　　　　B. 普通　　　　　　　　　C. 彩色

36. 夜间进行施工，按照规定应该使用（　　）进行采光。

A. 移动照明车　　　　　　B. 蜡烛　　　　　　　　　C. 火把

37. 风雪冰冻天气户外施工时，作业现场需做好（　　）。

A. 防滑措施　　　　　　　B. 防寒措施　　　　　　　C. 防风措施

38. 电气设备进场，应正确使用（　　）进行工作。

A. 液压车　　　　　　　　B. 自行车　　　　　　　　C. 电动车

39. 施工现场"三种人"包括工作票许可人、（　　）、工作负责人。

A. 工作票签发人　　　　　　B. 工作监护人　　　　　　C. 业主负责人

40. 现场安全交底会由（　　）组织召开。

A. 工作负责人　　　　　　　B. 专职监护人　　　　　　C. 工作许可人

41. 吸烟、吃饭等非施工行为应在（　　）进行。

A. 安全围栏外

B. 安全围栏内

C. 工作负责人或专职监护人看不到的地方

42. 施工中遇到民事纠纷，应及时和（　　）汇报联系。

A. 工作负责人　　　　　　　B. 同事　　　　　　　　　C. 警察

43. 杆塔起吊组装时，应在杆塔两侧加装（　　）。

A. 浪风绳　　　　　　　　　B. 接地线　　　　　　　　C. 制动器

44. 安全工器具使用前（　　）检查试验合格证，并且在有效期内。

A. 需要　　　　　　　　　　B. 不需要　　　　　　　　C. 有时不需要

45. 施工现场应配备急救箱、急救用品，并应指定（　　）经常检查、补充或更换。

A. 专人　　　　　　　　　　B. 任意人员　　　　　　　C. 工作负责人

46. 发生人员触电、跌落或者受伤后要及时拨打（　　）并告知工作负责人。

A.120　　　　　　　　　　　B.119　　　　　　　　　　C.110

47. 发生人员触电时应（　　）让触电人员脱离电源。

A. 使用绝缘物体　　　　　　B. 使用金属物体　　　　　C. 徒手拽动

48. 导线开断时，导线下方（　　）站人。

A. 禁止　　　　　　　　　　B. 可以　　　　　　　　　C. 戴安全帽可以

49. 接地线拆除后，（　　）不得再登杆工作或在设备上工作。

A. 任何人　　　　　　　　　B. 运行人员　　　　　　　C. 监理人员

50. 使用吊车立、撤杆塔时，钢丝绳套应挂在电杆的（　　），以防止电杆突然倾倒。

A. 适当位置　　　　　　　　B. 顶部　　　　　　　　　C. 尾部

【参考答案】

一、单选题

1.C 2.C 3.C 4.C 5.C 6.C 7.C 8.C 9.C 10.C 11.C 12.B
13.B 14.B 15.B 16.B 17.B 18.B 19.B 20.B 21.B 22.B 23.B 24.B
25.B 26.B 27.B 28.A 29.A 30.A 31.A 32.A 33.A 34.A 35.A
36.A 37.A 38.A 39.A 40.A 41.A 42.A 43.A 44.A 45.A 46.A
47.A 48.A 49.A 50.A